世界遺産
知られざる物語

須磨 章 NHK世界遺産プロジェクト

角川新書

はじめに

NHKが放送のデジタル化が進む中、世界遺産に取り組み始めたのは、2003年12月1日だった。その日は、日本の放送界で「地上デジタル放送が開始される記念日」だった。映像が劣化せず、永久に保存することができる「デジタル技術」は、放送の世界では画期的なことだと言える。その記念日の夜、ゴールデンアワーに、ギリシャのパルテノン神殿や、アメリカの自由の女神など、5か所の世界遺産からの生中継を含めた特集番組が放送された。

なぜ、デジタル放送で世界遺産なのか……？

私の脳裏に焼き付いていたのは、2001年3月に、イスラム原理主義組織タリバーンによって爆破された「バーミヤンの大仏」の映像だった。断崖《だんがい》に彫り込まれた巨大な大仏は仏教遺跡だが、異教徒の住民たちも「おとうさん」「おかあさん」と呼んでいたといわれている。宗教の垣根を越えた存在だったのだ。日本でいえば、それを見れば心が安らぐ故郷の山のようなものだったのだろう。

人類にとってかけがえのないものでも「聖域」ではない。戦乱や災害、そしてテロなどによって崩壊していくものは後を絶たない。いやむしろ、IS（イスラミックステート）がシリアの世界遺産を破壊しているように、「敵方」が大切にしているものほど危険にさらされているともいえる。

そんな人類にとってかけがえのないものをデジタル技術で記録し、永久に保存していくべきだと考えたのだ。NHKで放送するだけではなく、ユネスコにも提供して世界に発信してもらい、同時に映像アーカイブスとして蓄積していこうという試みだった。

番組を撮り進めていくと、世界遺産には私の先入観を心地よく裏切ってくれるものが、数多く登録されていた。

富と権力をほしいままにした王侯貴族が、その思いの丈をぶつけた豪華絢爛な宮殿や城郭、あるいはカトリックやイスラムの威光を伝える大聖堂や巨大モスクなど、目を見張る重厚なものは以前から知っていた。しかし、第Ⅱ章で取り上げている素朴な暮らしと敬虔《けいけん》な信仰が生んだ〝マラムレシュの木造教会群〟は、石造文化のヨーロッパで、空に向かってどこまでも伸びていくような木造教会群があることに驚かされた。また、砂漠に囲まれた大地で、大河が運んでくる泥を、モスク、学校、住居などの建物はもとより、衣服の模様や容器作りまで、最大限に活用している〝ジェンネ旧市街〟にも心を揺り動かされた。

また、ただ見ただけではわからない、奥深い意味を秘めた世界遺産もある。第Ⅲ章で取り上げている、ただの草原にしか見えない場所が、世界史の定説に新たな1ページを加えるものだった〝ランス・オ・メドウ〟や、ごみ処理場から復活を遂げた化石の宝庫〝メッセルピット〟などが、それだ。

ユネスコが提唱する世界遺産の登録基準「(人類にとって)顕著な普遍的価値(があるもの)」は、強者の歴史に限ったものではない。封建時代に建造された、我々を圧倒するような世界遺産だけでなく、長い年月にわたって普通の人々が一途《いちず》な想いで培ってきたものも、人類の宝として、世界遺産に登録されている。そこに私は感動した。

10年以上の歳月をかけて、私たちが映像を制作してきた世界遺産は765か所。すべての遺産のおよそ75パーセントに及ぶ。多くの人が知らなかった魅力を秘めた世界遺産を、ぜひ知ってほしいという思いから制作してきた。

私はその中から、ヒューマンストーリーが隠れているものをえりすぐって書き進めたつもりだ。この本から、まだ知らなかった、世界遺産の素晴らしさを発見していただければ、幸いである。

なお小見出しの横に番組名が書かれた項目は、その番組の内容を中心に、私の補足や見方を記している。番組名が書かれていない項目は、私個人が見聞した情報や、参考文献に基づいて記している。

須磨《すま》 章《あきら》

目次

第Ⅰ章　はじまりの真実

顔を斬られたラメセス像～アブシンベル神殿（エジプト）～

〈２００９年３月　検索deゴー！　とっておき世界遺産〉

世界遺産運動のきっかけは、エジプト政府が〝アスワン・ハイダム〟の建設計画を発表した１９５２年にさかのぼる。

古代から「ナイルの賜物《たまもの》」と崇《あが》められた巨大河川を制御し、〝現代のピラミッド〟と呼ばれた世界最大級のダムを建設することでエジプトは国家の近代化を図ろうとしたのだ。灌漑《かんがい》施設によって食糧生産をアップさせ急増する人口を養うこと、さらに重要な目的は、電力を10倍にアップさせることだった。しかし一方で、この計画が実行されれば、ナイル河岸に建つ古代エジプト文明の遺跡〝アブシンベル神殿〟がダムの底に沈むことは明白だった。

エジプト政府は国際社会に対して、経済発展のためのダム建設とともに、古代遺跡の救済への協力を求めたのだ。いわば、両方とも実現させろという我儘《わがまま》な願いだとも言える。

しかも当時のエジプトと西側先進国との関係は最悪の状況にあった。ダム建設の支援をソビエト連邦に求めたことでアメリカとは関係が悪化。スエズ運河の国有化を宣言したことで、その利権をめぐってフランスとは軍事衝突まで起こしていた。

そこで二人の関係者が立ち上がった。一人はルーブル美術館のエジプト研究家で、フランス人のクリスチアンヌ・デローシュ・ノーブルクールだ。アブシンベル神殿には以前から関わり、この遺跡が考古学的に貴重なものだということがよく分かっていた彼女は、たった一人で官邸に乗り込み、時のフランス大統領ドゴールに直談判《じかだんぱん》をした。政治的には敵対関係にあっても遺跡の問題は別だと強く訴えた。フランスが協力すべき理由として、ナポレオン時代から古代エジプト研究の先頭を走ってきたことも、つけ加えたことだろう。ノーブルクールはドゴール大統領に神殿の救済に協力することを約束させた。

もう一人はエジプトの初代文化大臣だったサルワト・オカーシャだ。アブシンベル神殿をつぶさに視察した彼は、古代エジプトの最盛期のファラオだったラメセス2世を奉ったこの神殿を「ナイル川の底に沈めてしまうなんて、歴史がそれを許さない」と著書の中に書き残している。オカーシャは世界に向けてキャンペーンを展開するように働きかけた。

その中のひとつが、日本やアメリカなどで開催され、人気を博したツタンカーメン展だった。そんな動きが後押ししたのか、アメリカのケネディ大統領は、400万ドルの資金援助を表明した。

しかし、大きな岩山をくり貫いて造られたアブシンベル神殿の奥行きは60メートルもある。この遺跡を巨大ダム工事から護《まも》るということは並大抵なことではない。ノーブルクールとオカーシャは、パリに本部がある国連機関ユネスコの門をたたいた。ただ当時のユネスコは教育の支援が主な活動で、遺跡保護に関してはまったく経験がなかった。しかし、二人の熱意が功を奏して、ユネスコは大きなチャレンジを決断する。ダム工事が始まった直後の1960年3月8日。ユネスコのヴェロネーゼ事務局長は、パリの本部で各国代表を前に支援を求める声明を発表したのだ。

「全世界が遺跡の存続を求める権利を持っています。それはソクラテスの思想、ベートーベンの交響曲と同じ、人類共通の遺産です」

この理解しやすく、文化財が人類共通の財産だというメッセージは、一般市民にも少しずつ伝わり始めた。

「私はイヴェット・ソーバージュといいます。美しい神殿がナイル川に沈んでしまうかもしれないとラジオで聴きました。お金を送りたいのですが、どこへ送ればいいのでしょうか」

　当時12歳の中学生だったフランス人のイヴェット・ソーバージュさんは手紙を書き、小遣いを貯めていたブタの形をした貯金箱の中身250フラン、日本円にしておよそ1万8000円を寄付した。エジプト政府は感謝の意を込めて彼女をエジプトに招待し、ラメセス2世の妻であるネフェルタリの像をプレゼントしている。そのネフェルタリの像を横に置き、彼女は私たちのインタビューにこう答えている。

「その頃、エジプト学に夢中になっていた私は、世界の財産である神殿が水に沈められてしまうなんておかしい、信じられない！　と思ったんです。寄付した額は少なかったけれど、私にとっては大事なお金だったんですよ。あの時のエジプト旅行では、何人もの専門家の先生があちこち案内してくれて、私が熱心に聞くともっと熱心に説明してくれました。本当に夢のような旅でした」

　日本でも25歳と28歳の若者二人が20万円を集めて寄付したという記事が、昭和38年（1963年）3月8日の朝日新聞に載っている。月給1万5000円の工場労働者やデパート店員など、そのほとんどが若者から集められたお金だと記事には書かれている。大人からのメッセージが純粋な若者たちの心をとらえたようだ。

そんな間にもユネスコが組織した、各国専門家による救済方法の検討は続いていた。イタリアからは、崖全体を切り取り、水圧ジャッキで神殿すべてを持ち上げ移転しようという大胆な案が提案された。しかし、工事費用が7000万ドル、250億円もかかることから、各国政府は資金援助を保留してしまう。ダム工事はすでに始まっており、水位はどんどん神殿に近づいていく。ついに専門家委員会とエジプト政府は苦渋の決断をくだす。一枚岩の神殿を切断解体して、移築するというものだった。それには大きな反論がおこった。すべての考古学者が、「神聖な遺跡をバラバラに解体するなんて許されるものではない」と叫んだ。しかし、「このままではラメセス像はダムの底で死んでしまう。なんとしても生き延びさせようじゃないか」という説得により、〝切断移築案〟が採択された。

1964年4月4日、五ヶ国から1000人以上の技術者が集結し、いよいよ救済工事が始まった。ところがここにも難問が待ち構えていた。現場監督だったフランス人のヘンリ・ルイスさんはこう証言する。

「問題だったのは、私たちが普段使っていた電動カッターではうまく切れなかったことです。岩の中に硬い石が混ざっていてカッターを撥《は》ね除《の》けてしまい、切断面が曲がってしまうのです。まっすぐに切れないとダメなんです」

顔を斬られた「ラメセスII世像」

チェーンソーも試されたが、刃が厚く切断面がギザギザになってしまう。最後にはなんと刃の薄いノコギリを使い、人の手で岩山に立ち向かうことになった。モノクロの記録映像には何人もが並び、黙々とノコを挽《ひ》く姿が映し出されている。私は24時間体制で行われたこの作業を目にした時には、目頭が熱くなったものだ。

現場監督のルイスさんは、さらに切ない決断をしなくてはならなかった。

「ラメセス像の頭は50トンほどありました。クレーンで持ち上げられる重量は30トンが限界でした。それでラメセス像の顔の前面を切り取らなければならなかったのです」

記録映像に残る、クレーンで持ち上げられ

たラメセス2世の顔は、宙ぶらりんでゆらゆらと不安定で、少しばかり痛ましさを感じる。最終的に神殿は1042個のブロックに分解され、移築場所である64メートル上の丘に運ばれた。その映像はむしろ、作業をした人たちの苦労がしのばれ、感動的でもある。

移築作業に入っても、神経を研ぎ澄まさなくてはならない仕事が待っていた。神殿の一番奥に神々と共に並ぶラメセス2世像に、年に二回だけ、朝日が差し込むという古代人の絶妙な仕掛けを再現しなくてはならないのだ。最新の機材で正確に測り、神殿の入口の角度を0・3ミリメートル以内の誤差にとどめないと、その奇跡は決して起こらない。

そしてついに1968年、4年間にわたる技術者たちの苦労の末に、救済工事は完了した。新しく生まれ変わった神殿の正面にどっしりと構えるラメセス2世像の耳の前には、はっきりと切り傷が見える。しかしそれは、ラメセス2世が水没の危機から救われた証《あかし》でもある。

みんなが待ち望んだ、神殿の奥のラメセス2世像に朝日が差し込む2月22日。見事にラメセス像はえんじ色の復活の光に照らし出されていた。延々と続く列に並び、この瞬間を目にした人々の顔は、どれも晴れやかな笑顔で輝いていた。

この救済事業の素晴らしさは、第一に「文化が政治に勝った」ということだ。ルーブル美術館のノーブルクールやエジプト政府の文化大臣オカーシャが、当時エジプトと対立していたフランスとアメリカを説得した。そして遂に世界46ヶ国からの援助を取り付けた。

もう一つの素晴らしい点は、経済発展のためのアスワン・ハイダムも完成し、古代エジプト文明の華であるアブシンベル神殿も救われたことだ。とかく二者択一を迫られる経済と文化の問題で、エジプトは両方とも実現できた。

「こんなハッピーな結果になることはそうそうない。そして、二度とこんな苦労はしたくない」

救済活動をリードしたユネスコはそう思ったに違いない。この類《たぐい》まれな成功例が「世界遺産条約」へと結びついていくのだ。

山火事は消すな～イエローストーン国立公園（アメリカ）～
〈08年10月　シリーズ世界遺産１００〉

アブシンベル神殿を水の底に沈めることなく、ラメセス2世は64メートル上の丘で蘇《よみがえ》つた。「危機に瀕《ひん》している人類の宝をあらかじめリストアップし、各国が出資した基金をプールして守っていこう」。ユネスコが考えていたことは、あくまでも私たち人間が造り出した、アブシンベル神殿の延長線上にあるような遺跡や建造物が対象だった。

しかし、大国アメリカは、私たちの住処《すみか》である地球が生み出したもの、大自然を対象にした国際条約を考えていた。確かにヨーロッパなどと違って歴史の浅いアメリカは、アブシンベル神殿のような古代遺跡や、ベルサイユ宮殿やモンサンミシェルのような豪華な宮殿や聖堂もない。だが一方で、広大な国土はヨセミテ国立公園のような氷河が刻んだ大渓谷や、数十億年を超える地球の営みが生み出したグランドキャニオンなどの並外れた大自然には恵まれている。

しかも、空高く噴き上がる間欠泉などで有名な〝イエローストーン〟を国立公園に指定してからちょうど100周年を迎えるタイミングでの国際条約の締結を目論《もくろ》んでいた。アメリカというと摩天楼に象徴される都市文明や、チャップリンが揶揄《やゆ》した機械文明の印象が強いが、実は自然環境問題でも世界で先鞭《せんべん》をつける役割を果たしてきたのだ。

新天地アメリカは、急激なスピードで開拓されていった。肉や毛皮を求めて乱獲された北米最大の動物バイソンは1900年代はじめには20頭余りにまで激減していた。

開拓民たちから家畜の敵だとして駆除され続けたオオカミは、アラスカ以外のすべての州で全滅していた。イエローストーンでは、オオカミという天敵がいなくなって、大型草食動物のエルク（アメリカアカシカ）が増え過ぎ、草原が食べつくされてしまった。そうすると、小型の草食動物は生きていけなくなり、さらにそれを餌とする〝ハクトウワシ〟が衰退し、生態系に大きな影響が出ていたのだ。公園ではカナダから31匹のオオカミを連れてきて放し、現在では４００匹を超えるまでに増え、エルクの数が減って草原を回復させることができている。

しかし何と言っても、この国立公園の試みとして驚かされるのは、毎年のように落雷によっておこる森林火災の消火活動を人命に危険が及ばない限り、やめたことだ。火災によって木が間引かれ新たな芽吹きを生み、倒れた木も森の栄養分になることが分かってきたからだ。この地では珍しい白樺《しらかば》が育ちはじめ、今では白樺林になっているという例もある。公園のレンジャーは「消火することは子どもに育つなと言っているようなものです」と言い切っている。

それにしても、燃えさかる森をただそのまま見ているということは、勇気のいることだ。イエローストーンでは、この地をくまなく調査した地質学者ヘイデンの「開拓前の自然をそのままに」という信念が貫かれている。人為的なものを取り除き、自然の営みに戻そうという考え方が徹底している。
このように、世界最大の経済大国であるだけでなく、急激な開拓の反省に基づいた〝環境保護大国〟でもあるアメリカは、イエローストーンを世界初の国立公園に指定し、先端的な試みをおこなってきたのだ。

ユネスコは1971年6月には、アブシンベル神殿のような「記念物、建造物群、遺跡保護に関する条約」案を各国に回覧し、1972年10月のユネスコ総会に提出、審議にかけるばかりになっていた。一方、アメリカは1971年2月に、ニクソン大統領が議会における演説で、イエローストーン国立公園100周年に関連して「1972年という記念すべき年に、世界各国が国際的な価値を持った地域を世界遺産トラストとして扱うという原則に合意することが適切である」と宣言している（『世界自然遺産と生物多様性保全』吉田正人筑波大教授著・地人書館）。

世はまさに宇宙から地球を見ることができるような時代になり、「地球はひとつ」という標語も生まれていた。

「二つの国際条約が並び立つのは避けたい。大国アメリカにそっぽを向かれた国際条約は成り立たない――」

アメリカがささやいたのか、ユネスコが呼びかけたのかは定かではない。しかし、ユネスコとアメリカ、このふたつの動きはひとつになる。アブシンベル神殿とイエローストーン国立公園の「合併」ともいえる。スケールの大きさにおいて双方引けを取らず、四つに組むにはふさわしい。いわゆる「文化遺産」と「自然遺産」とを、ひとつの条約のなかで保護するということは、ほかの条約にはない極めて異例なことなのだ。

アメリカがこの条約に加わったことは、ふたつの点で大きな意味がある。ひとつは〝世界遺産トラスト（World Heritage Trust)〟と、最初から「世界遺産」というシンプルなネーミングを持ち込んだことだ。もうひとつは重厚で歴史的な建造物や遺跡だけではなく、自然という誰もが理解でき、親しめるものが加わったこと。このふたつによって世界遺産はここまで発展してきたといえるのではないだろうか。

第Ⅱ章　本物とは何か

石組みの〝力〟～セゴビア水道橋、ヘラクレスの塔（スペイン）～

〈05年　シリーズ世界遺産１００　11年10月　世界遺産　時を刻む〉

世界遺産で人気が高く、メジャーなものと言えば、モンサンミシェルやベルサイユ宮殿など、ヨーロッパの大聖堂や宮殿になるだろう。それらはすべて石造りの建造物だ。しかし、人気という点ではこれら聖堂や宮殿には及ばないが、石造りの巧みさと歴史の古さにおいて優っているのが、古代ローマの水道橋だ。

世界遺産としてよく知られているのは、二層のアーケードが美しいフランス南部ガルドン川にかかる〝ポン・デュ・ガール〟だ。ユゼスからニームまでおよそ50キロメートルにわたって水を運ぶ水路の一部で、皇帝アウグストゥスが腹心のアグリッパに命じて紀元前19年頃に造らせたといわれる。このエレガントな水道橋は、各時代の作家や芸術家たちを魅了してきた。18世紀の思想家ルソーは「最初は、この素晴らしい建造物に敬意を払うあまり、自らの足で踏み込むことをためらってしまった」と述べている。

ポン・デュ・ガールは人里離れた郊外にあるが、スペインの〝セゴビア水道橋〟は街のど真ん中にある。メインストリートが水道橋を横切っており、人々は思い思いに談笑しながら２０００年以上も前の石組みをくぐっていく。周囲には住居が軒を連ね、ここには水道橋を見上げながらの生活があるのだ。日本人には、旧市街をモノレールの石の軌道が走っているかのように見えるが、これはいまや生活のためには何の役にも立たない遺跡なのだ。日本だったら、とうの昔に取り壊される運命にあったのではないだろうか。ではどうして今も街の中心部を貫いているのか？　それは現存する古代の水道橋で最も完璧《かんぺき》なもので、19世紀の末、１８８４年まで実際に使われていた優れものだからだ。

街を貫く水道橋

　高さは最高地点で28・5メートルあり、８階建てのビルに相当する。アーチを構成する柱は１２８本に及び、２万個以上の花崗岩《かこうがん》を積んで造られている。しかも漆喰《しっくい》のような接合剤はいっさい使われておらず、積み重なる石がお互いの重みで、締まり、支え合い、バランスを保っているのだ。下から「あおって」撮った映像を見ると、本当にビシッと締まっていて崩れるような不安感は全くない。積み上げる現場にアーチ形の木組みを作り、そこに石を積んでいき、完成すると木組みをはずすという方法で造られたという。

セゴビアの街は標高1000メートルの高台にあり、水源は18キロメートル離れたリオフリオ山脈にあるアセベタ川に求めなければならない。その清流を用水路で街に導き、取水口から水道橋最上部の幅30センチメートルの溝に水を流し込む。石造りの小屋に貯水槽があり、そこでゴミを沈殿させる。水道橋は、常に水量と流れる速さを一定にするために、どの地点でも地形に合わせて3度の傾斜が保たれるように設計されている。古代ローマの土木技術の高さには驚かされる。

番組では、この水を流す手順を実際に再現してもらいカメラに収めた。ものの見事に勢いのある水が街の中心部にむかって流れていく。上下水道が完備された現在では、無用の長物となってしまったが、いざという時には稼働できるというからすごい。

セゴビアは、中世には羊毛や毛織物の取引で発達し、ディズニー映画「白雪姫《しらゆきひめ》」に登場する城のモデルになったカスティーリヤ王のアルカサル（居城）がある。そのお伽《とぎ》の国に出てきそうな城は人気が高い。また〝大聖堂の貴婦人〟とよばれるセゴビア大聖堂も知られている。それでも、何といっても市民の誇りは水道橋であり、街のシンボルであるからこそ、堂々と街のど真ん中を突っ切っているのだと納得させられた。

さて、同じスペインにもうひとつご紹介したい古代ローマ時代の建造物がある。セゴビアの水道橋が実力はありながらも現役を引退しているのに対して、こちらは正真正銘の現役だ。しかも古代ローマ時代と同じ仕事に就いている。スペイン北西部の港町ア・コルーニャにある灯台〝ヘラクレスの塔〟だ。大西洋に突き出した岬に、ただひとつすっくと建っている。見た目はとても格好いい。町を訪れる観光客のお目当ては、あの天才ピカソが少年時代を過ごした家が、今も残っていることなのだという人もいる。しかし、歴史的な中味の濃さでは、ヘラクレスの塔はピカソを圧倒している。2000年も前に34メートルもある塔を建てた第一の目的は灯台だったと地元の考古学者マリア・ベージュさんは歴史を紐解《ひもと》いてくれる。

「古代ローマ時代はかがり火を焚《た》いてローマ海軍の船を誘導していました。船が向かったのはブリタニア、今のイギリスです。ヘラクレスの塔は、ローマ帝国のブリタニア侵攻作戦のために建てられたのです」

紀元1世紀には地中海周辺をほぼ手中におさめていたローマ帝国は、さらに北へ向かいヨーロッパ全体を支配しようとしていたのだ。

ベージュさんが語る、もうひとつの目的は「畏怖《いふ》」だという。当時周辺にはローマ帝国に敵対する住民が暮らしており、彼らを威圧し、恐れを抱かせる必要があったというのだ。たしかに当時34メートルの塔といえば超高層建築で、とてつもなく強いインパクトを先住民に与えたのは間違いない。ヘラクレスの塔は、ローマ帝国の力を誇示するデモンストレーションでもあったということだ。

そんなふたつの目的を果たす塔を建てることができたのも、石を自在に操る古代ローマの土木技術があったからだ。高い塔を造るために、ただ石を積み上げるだけではその重みで下に圧力がかかってしまう。中を空洞にすれば圧力は減らせるかもしれないが、強度が弱まってグラグラしてしまう。そこで、内部を十字の壁で仕切って補強しているのだ。そんな理由で、塔のなかは四つの部屋に分かれている。現在の耐震構造に近い技術がローマ人の知恵と経験から生まれている。

また、素人の私が見ても、古代ローマ時代の石積みの方が18世紀にセメントを接着剤として使って修復された部分よりも、はるかにしっかりと組み合わされている。改めて古代ローマの技術の高さには驚かされる。

　この時代に建てられたビルのような直立型の塔は、世界七不思議に数えられたアレクサンドリアの大灯台と、このヘラクレスの塔しか記録に残っていない。11世紀のブルゴ・デ・オスマの世界地図には確かにこの二つの塔が描かれている。だが、その後アレクサンドリアの大灯台は崩れてしまい、いまも存在しているのはヘラクレスの塔だけだ。

　ところが、塔の強さとしては世界一だったとしても、建てられた時代のナンバーワンの役割を全うできたわけではない。古代ローマ帝国の衰退とともに、軍事用灯台としての役割は失われ、4世紀頃にはこの塔から光が放たれることはなくなっていた。要塞《ようさい》や見張り台として使われてはいたが、やがて荒れ果て、歴史の表舞台からは姿を消してしまっていた。復活を果たすのは17世紀、大航海時代が幕を開け、スペインをはじめとしてイギリス、オランダなどが七つの海を航海するようになった時である。大航海時代の寄港地として、ア・コルーニャが再び脚光を浴び、ヘラクレスの塔に灯台としての光がともる。そして今日まで現役の灯台として生き続けてきたのだ。

　時代は流れ、ア・コルーニャはスペイン一の水揚げを誇る漁港になっている。20年以上もこの海で漁師をしているホセ・マジョさんの仕事に同行して話を聞いた。

「長年、漁師をやっているけど灯台の灯《あか》りは一度も消えたことはないよ。あの灯台が俺たちの安全を守ってくれていると思うと、本当に心強いよ」

ホセさんの漁船の名前は〝センプレ・ルース・ディヴィーニャ〟、「常に照らす神々の光」という意味だ。ルース、という光を意味する言葉は、ホセさんの奥さんの名前でもあるという。ふたつの光がホセさんを護《まも》っているということだ。現代では、GPSという機器が船の位置を正確に示し、灯台なしでも漁はできる。しかしホセさんは言葉を続けた。

「昔はヘラクレスの塔が建つ岬のポイントを探して、自分の居場所を確認していたのだ。今は確かに灯台がなければ漁ができないわけじゃない。でもヘラクレスの塔は、今も俺たちにとっては大切なものなんだ。俺たちの心の拠《よ》り所《どころ》なんだ。塔があるからこそ、俺たちは安心して漁ができるんだ」

揺りかごから墓場まで〜マラムレシュの木造教会群（ルーマニア）〜

〈05年9月　シリーズ世界遺産１００〉

その村は緑に囲まれた丘陵に、ひっそりと家々がかたまり、空から見るとお伽の国のようだ。その中でひときわ高く空に向かって突き出た建物がある。しかし、それは「ヘラクレスの塔」のような石造りではない。木造の教会である。高さは72メートルもあり、1767年に建てられている。この地方には八つの木造教会があり、壁や屋根はどれも樅《もみ》の木が使われ、すっくと伸びた美しい姿をしている。これらはすべて17～18世紀に村人たちの手によって建てられたものだ。古くからの教会はタタール人の大襲来や気候変動などによって壊されてしまっていたが、人々が伝統的な工法と設計にこだわって再建したのだった。

高い鐘楼には入口の脇の階段から上ることができる。斜めの柱が複雑に組み合わさって鐘楼を支えている。吹き抜けになった最上部に小さな鐘が納められ、250年にわたってその音を村に響かせている。屋根には「つばめの尻尾《しっぽ》」と呼ばれる独特なカーブを描いた屋根板が敷き詰められ、雪が積もりにくいように工夫されている。材料となる樅の木はすべてこの地方で育ったものを使っている。樅は尊いものであり、イエス様の体そのものだと考えられ、この教会に釘《くぎ》は1本も打たれていない。

ルーマニア北西部、このマラムレシュ地方は西欧の〝石の文化〟とは違い、〝木の文化〟なのだ。そして、まるでミレーの絵に出てくるような干し草を積み上げる農夫の姿があり、牧歌的な雰囲気が漂うなか、農業と牧畜によって人々の暮らしが営まれている。

羊飼いの人々は、夏の間じゅう牧草地を求め、山から山へと移動を続けている。山の上で羊の乳をしぼりチーズをつくる自然相手の仕事を代々続けているイリエさんが、教会の木材となる「樅の木の森」を案内してくれた。樅の木というとつい、クリスマスツリーを想像してしまうが、この森の木はそんなものではない。まっすぐ空に向かって伸びた樹齢50～60年の大木である。

イリエさんは「樅ほどまっすぐに伸びる木はほかにありません。そして常緑樹なので、いつも緑の葉が繁っています。私たちにとって樅は〝永遠〟のシンボルなのです」と語る。さらに「山や森で仕事をする時には危ない目に遭うこともあります。だからこそ普通の暮らしが永遠に続く、変わらないことが一番なのです」と付け加えた。

樅の木を模した72メートルの塔を持つ〝シュルデシティ教会〟の日曜日の礼拝には目を見張った。教会内に入りきれない村人たちが外にあふれている。無造作にスカーフで頰被《ほおかぶ》りをした老婆は外の柱の陰で、立ったままで3時間も祈りを捧《ささ》げていた。教会の天井はマラムレシュ出身の放浪画家によって描かれた宗教画で埋め尽くされている。聖書に「キリストは光である」と記されていることから、キリストの頭が太陽になった絵もあり、素朴で温かな雰囲気が醸し出されている。

この日はミサの後に洗礼が行われた。まるまるとふくよかな顔に、クリッとした目の可愛い赤ちゃんだ。司祭は、樅の木のようにまっすぐに育ってほしいという願いをこめて洗礼を授ける。赤ちゃんの揺りかごも樅の木だ。赤ちゃんの祖父は、この教会で同じ司祭のもとで自分たちは結婚式を挙げた。そして赤ん坊の母親も、ここで同じ司祭のもと結婚式を挙げ、洗礼を受けた。「この孫の結婚式も、同じ教会で同じ司祭にやってもらえるといいんだけどね！」と言って微笑んだ。木造教会が、村人の人生と密接に関わっていることが感じられる言葉だ。

マラムレシュの家々には、堂々とした木の門がある。入口は二つあって、一つは住人や客人用で狭く、少し頭をかがめて敷居をまたぐ。もう一つには樅の木の扉が付いていて、馬車や牛車、そして羊たちが出入りする。門柱には魔除《まよ》けを意味するものとして、やはり樅を表す文様が彫られている。

しかし、なんといっても驚かされるのは、ここではお墓までもが樅の木で作られていることだ。しかも墓には生前のその人の仕事ぶりや趣味がカラフルに描かれる。自動車修理工だった男性は白い作業服で車をいじっている姿。働き者だったという女性の墓には「二人の息子を樅の木のように立派に育てた」という文字まで記されている。

墓地全体がとても明るい雰囲気で、「陽気な墓」と呼ばれている。木造文化の日本でも、さすがに現代の墓は頑丈な石造りだ。重々しく権威的でもある。マラムレシュの墓はそれとはまったく違い、明るく死者を称《たた》えている。

樅の木の森を案内してくれた羊飼いのイリエさんの娘、ガブリエラさんの結婚式が木造教会で行われた。この日は新婦の父として多少緊張気味のイリエさんは「私も25年前にこの教会で結婚しました。私も娘も同じ司祭に式を取り持ってもらいました。20年後くらいに、この同じ教会で孫が結婚式を挙げるのを見たいものですね」と語る。

マラムレシュの人々の暮らしには、至るところに樅が存在する。「樅の木のように真っ直ぐに」とか「樅の木のように強く」といった格言もよく使われている。マラムレシュの人々は、常に緑の葉を絶やさず、空に向かって真っ直ぐに伸びるこの樅の木を、心の拠り所としている。〝永遠〟のシンボルである樅の木に、何か特別なことを託すのではなく、穏やかでいつもと変わらない暮らしが続くことを祈る人々がここにいる。

ヨーロッパには、ほかにも珍しい木組みの教会がある。ポーランドの〝ヤヴォルとシヴィドニツァの平和聖堂〟だ。中央祭壇にある聖人たちの彫刻はつるつるに磨き上げられ、木彫りなのにまるで大理石のように見える。そこには深い理由がある。ヨーロッパでは、16世紀から17世紀にかけて、同じキリスト教徒であるカトリックとプロテスタントの対立が起こり、特に1618年からの「三十年戦争」では血で血を洗う悲惨な戦いが繰り広げられた。

戦後、勝者であるカトリック側は、敗者であるシレジア地方のプロテスタント信者に自分たちの教会を建てることを認めたものの、「石造りの教会は認めない」という条件を付けた。堅牢《けんろう》な石造りではいつまたプロテスタント信者たちの要塞になり、立て籠《こ》もって戦いを挑んでくるかもしれないと考えたからだ。さらには石造りを禁じるだけでなく、「建材は木と粘土と藁《わら》」という具体的な条件付きだった。それに対してプロテスタント側が、カトリックに対する意地としてつるつるに磨き上げ、大理石のように見える祭壇を作ったのである。

ヨーロッパはあくまで「石の文化」だ。硬く、強く、不動の石こそが価値があるもの。木は軟らかく、弱く、失われやすく、格下と見なされるきらいがあるのだ。ドイツでも木造の町並み〝クヴェトリンブルク旧市街〟が世界遺産になっているが、領主が商人たちの台頭を恐れ、木造だけの商店街を許したという経緯があるのだ。そうした理由で残った木造の町並みが珍しく、世界遺産になったというのも皮肉なことではあるが。

条件付きでも教会建立を認めたという点で、ヤヴォルとシヴィドニツァの平和聖堂は、敗者に対する宗教的な寛容さを示す例として語られることもあるが、私にとってはあくまでもヨーロッパにおける木の地位の低さと、プロテスタントの人々の意地が印象に残る世界遺産である。

西欧文明の洗礼～法隆寺（日本）～

日本は世界遺産条約に加盟したのが、とても遅い。1972年にユネスコで条約が採択されて20年も経ってからだ。しかも、124ヶ国目で先進国では最も遅い部類だ。その理由を探っていくと、意外な事実に突き当たる。

日本で最初の世界遺産登録に携わった益田《ますだ》兼房《かねふさ》さんは、当時、文化庁建造物課の調査官だった。初めて〝世界遺産〟というものに直面したのは1984年に遡《さかのぼ》る。

ローマにある文化財保存修復の国際機関の研修コースに5ヶ月参加し、ユネスコの専門家から世界遺産条約の制度や理念の講義を受ける機会があった。そこで、すでに100ヶ国近くが加盟して遺産登録を競っている状況を、初めて詳しく知ることになる。そして多くの研修参加者から「なぜ日本はまだ加盟していないのか？」という質問を受けた。益田さんは当時39歳で、文化財行政のベテランとは言えなかったが、日本が世界遺産条約に加盟していない理由が、世界ではどう理解されているのか知らなかった。そこで、この国際機関の所長に聞いたところ、彼は短く「日本は加盟すれば広島原爆ドーム登録が避けられないからだろうね」とだけ答えた。

しかし、これ以上遅れをとることは日本としてはまずいと考えた益田さんは、帰国後すぐ記念物課の専門家に参加できない制度上の課題があるのかを尋ねた。しかし、まともに取り合ってくれない。挙げ句の果てに「日本は天然記念物のカモシカを世界遺産に登録したいと思っているんだ。だけど、カモシカは県境を越えて移動するし、地域を決めて登録なんてできんだろう？　わっはっはー」と、はぐらかされてしまった。「広島原爆ドーム」登録の問題は今は避けたい、と顔は言っていた。

世界唯一の被爆国として、核兵器廃絶を訴えていくために、原爆ドームを保存していこうと日本政府は決めていた。世界遺産条約に加盟すれば、ゆくゆくは「原爆ドームを世界遺産に」という声が国内で湧き上がってくることは目に見えていた。そのことが官僚たちの動きを止めていることに、益田さんは気づいたという。広島、長崎に原爆を投下したアメリカに気をつかうといった単純なことだけではなく、世はまさに「核」という魔物を真ん中に置き、西側と東側が睨《にら》み合っている〝米ソ冷戦時代〟の只中《ただなか》だった。原爆ドームが世界遺産候補として脚光を浴びれば、東側陣営にアメリカを批判する機会を与えてしまうというポリティカルな懸念だったというわけだ。世界遺産条約に積極的に取り組もうと動けば、その官庁がリスクを負い、責任を持たなければならないという極めて日本的な感覚が、世界遺産条約の加盟に20年以上の遅れを取った大きな要因だったということだ。

しかし、世界は動き、その懸念が払拭《ふっしょく》される時代が到来する。1989年、ベルリンの壁の崩壊だ。その事は社会主義国家、東側陣営の崩壊につながる。そして時を合わせるかのように、1991年、日本国内が動く。「そろそろ世界遺産条約に加わらなければならない」と、関係官庁が外務省に申し入れた。そして、1992年6月の国会で、日本が世界遺産条約に加盟することが正式に決定する。

ようやく益田さんたちの出番がやってきた。日本から最初の世界遺産候補として「法隆《ほうりゅう》寺《じ》」をユネスコに対して提案することが決まった。法隆寺は１３００年以上も前に聖徳太《しょうとくたい》子《し》の命によって建てられた。現在残る法隆寺の堂塔は、日本建築の代表ともいえる存在である。ユネスコが定めた世界遺産登録の条件の根幹をなす言葉〝Outstanding Universal Value〟（人類にとって顕著で普遍的な価値を有するもの）に十分に値すると考えられた。

ところが、そう簡単にいかないのが国際社会である。法隆寺は木造建築だが、この「木」という点に異議が唱えられたのだ。木は風雨に晒《さら》されれば腐り、石の建造物のように、不動のままその場に佇《たたず》んでいるわけではない。実際、法隆寺も戦前から解体を含んだ大修理が行われ、一部には新しい木材が使われている。「石の文化圏」である西欧では、劣化したところがあれば、そこの部分だけ補修して現状維持するのが原則だ。「木の文化」である日本においては、この西欧の常識とは正面から対立することすらある。伊勢《いせ》神宮に代表される〝式年遷宮〟がそれだ。20年に一度、神殿をすべて新しい木材に換え、そこにご神体を移す。「神がそれをお望みだ」という考えのもとに、定期的に行われている。実は、このやり方は海外の専門家たちの理解を超えたところにあり、「日本は木造建築をすべて定期的に解体修理してしまう不思議な国」と誤解されていたのだという。

そのうえに、まずい事態が起きていた。既に世界遺産に登録されていたネパール・カトマンズの仏教僧院でのことだった。急激な都市化とたび重なる地震被害の影響で遺跡のダメージが大きく、各国の修復チームが国際的な競争をしていた。アジアの遺跡ということで日本も参加していたが、その修復方法が各国の批判に晒されたのだ。煉瓦の壁があまりにも傷んでいたので煉瓦壁そのものを解体し、新しい煉瓦に替えたという。この煉瓦造り建築での〝解体修復〟というやり方が、西欧諸国の常識とはかけ離れていた。日本の手法に対して最も厳しい批判の目を向けていた人物が、カナダ人の建築の専門家で、ユネスコの諮問機関イコモスの事務局長でもあったハーブ・ストーヴェルだった。

ストーヴェルは、1ヶ月後に米国サンタフェで開かれた世界遺産委員会の場で、カトマンズで日本が行った解体修復の様子をスライドで映写して、世界中から集まった500人近い専門家や外交官に対して疑問を投げかけた。米国人の議長は今年から参加している日本政府の関係者の言い分を聞きたいと、マイクを益田さんにまわしてきた。益田さんは、この修復事業は日本の私立大学がやっていることで詳細は関知していないとことわったうえで「地震帯に位置するカトマンズでは劣化したレンガ壁は構造的に危険であり、僧院の一部は小学校として使用されており、子ども達の安全のために、煉瓦壁の新築が必要だったと聞いている」と英語で答えて切り抜けようとした。しかし、その後のコーヒーブレイクで、数人から疑問の声や質問があったことから、会場の専門家たちはストーヴェルの告発を支持していることはあきらかだったという。

そして、日本に対して厳しい眼差《まなざ》しを向けていたハーブ・ストーヴェルが、イコモス事務局長として、法隆寺が世界遺産にふさわしいかどうかの調査をしたうえで判断をし、ユネスコに答申する重要な役割を担っていたのだった。

1992年9月、ユネスコに対して申請書を提出する時期が来た。報告書、映像、写真、地図、図面を高さ30センチメートル、奥行き25センチメートルほどの立派な木箱に収めた。表面を古代布で包み、法隆寺建立の時代を彷彿《ほうふつ》とさせるような雰囲気を醸し出した。益田さんはユネスコの職員に「こんなにかさ張るものは困る」と苦情を言われたことを覚えている。「中身が駄目なんだから、表面くらいは飾り立てないとね」と今では冗談めかして笑う。

しかし、当時はかなりの緊張を強いられていたに違いない。いよいよハーブ・ストーヴェル一行が日本に調査に訪れる時がやってきた。益田さんは法隆寺のあらゆる場所を案内し、そのすべてを持てる英語力を総動員して説明した。建物全体を解体するとはいっても、3000から4000に及ぶすべての部材をナンバリングし、使えるものは元通りに使うこと、シロアリに食われたりして一部だけ駄目になった部材は伝統的な継手仕口で繕い、一部だけを新材で取り換える手法があること、そして、法隆寺は聖徳太子を慕い信じる人々が参拝する寺であり、とにかく聖徳太子がお触りになった木々をできうるかぎり大切にしているのだと訴えた。

だが、ストーヴェルは簡単には妥協しない。重要な金堂が戦後間もなく職人の不始末で火事にあっていることを問題にしていた。益田さんは最後に、修理によって換えられた木々が眠る収蔵庫にストーヴェルを案内した。法隆寺では、取り換えられたすべての時代の木々、部材を、後の時代に検証できるようにしっかりと保存していたのだ。収蔵庫に眠る木々の半分以上は1300年以上前、7世紀の木だという。そして金堂の焼けた部材も大切に保存してあった。益田さんはストーヴェルを焼けた部材の前に案内し、この木々も世界遺産を構成する一部として申請していることを告げた。そして「戦災は免れたのに、職人が電気座布団を消し忘れたことで金堂の一部の部材を焼損してしまったことは後悔してもしきれない。ここは聖徳太子がお触れになった木々たちが静かに眠っている墓地のような場所なのです」と語りかけた。

この時、ストーヴェルと目が合い、「そこまでやっているのなら」と、彼の心が少しは動いたように感じたと益田さんは述懐する。「あの収蔵庫の中で過ごした時間で、ストーヴェルさんはカナダにはない1300年の厚みを感じとり、日本も本物を大切にする国だと認めてくれたのだと思いますね」

こうして1993年12月の世界遺産委員会で、法隆寺は姫路城《ひめじじょう》と自然遺産である屋久島《やくしま》、そして白神《しらかみ》山地とともに、めでたく日本初の世界遺産として登録されたのだった。この時が、日本の「世界遺産への旅立ち」だが、このあとにはまだまだ苦難の道が待っていた。

祭りが先か信仰が先か〜ジェンネ旧市街（マリ共和国）〜

〈05年2月　シリーズ世界遺産100〉

空から見ると、アフリカ第三の大河、全長4000キロメートルのニジェール川が大きなうねりを見せている。〝ジェンネ旧市街〟は、その大河の流域にまるで家々が身を寄せ合うように集った一角である。家々も薄茶色一色で大地に溶け合ってしまいそうだ。1平方キロメートルにおよそ1万人の暮らしがここにある。熱帯雨林と砂漠の中間点に位置し、700年ほど前から、ニジェール川で運ばれてくる砂金や岩塩などを扱う水運の拠点として栄えてきた街だ。

よく見ると、楕円形《だえんけい》の街を囲むように走っている周回道路には車が行き交っている。密集した家々の間にある路地にはロバに引かれた荷車はあっても、自動車の姿はない。まばらにしか見られない木陰に人々が椅子を出して、身振り手振りを交えて何やら話し込んでいる。

通りには名前もなく、家々には住所も必要ないという。各戸には扉もなく、中庭を囲むように親戚《しんせき》同士が寄り添うように暮らしている。街の中心はなんといっても、ニジェール川が運んできた泥で築かれた大きなモスクだ。幅と奥行きはそれぞれ50メートルほどあり、最も高い塔は20メートルもある。最初は14世紀頃に建てられたというが、現在のモスクは20世紀に入って再建されたものだ。補強のために太い棒が何本も差し込まれており、建造物に独特のアクセントを加えている。そしてこの棒は、毎年乾季の5月に行われる「モスクの化粧直し」の時には建物の補強ということ以外で、大きな役割を果たす。内部には、大きなモスクを支える柱がおよそ１００本立っており、柱の間には礼拝用のゴザがびっしりと敷き詰められている。そして、真っ平らな屋上には明かり取りのための小さな膨らみと穴が作られ、必要がない時には可愛い蓋《ふた》がされている。

化粧直しとは、雨季の間に風雨でひび割れたモスクの壁を塗り直す、いわば修復だ。ところがこの修復が、年一回の住民総出の大きな祭りでもあるのだ。カルティエと呼ばれる地区ごとに競い合うかのようにモスクの壁をよじ登り、壁を塗っていく。次代を背負う若者のリーダー、壁塗り職人、そして女性と子どもたち、それぞれが自分たちの役割を果たすために走り回る様は、まさに圧巻だ。

モスクの化粧直しの話はしばしおいておいて、街の雰囲気をお伝えしたい……。

ジェンネの街はモスクに限らず、すべてが泥でできている。カルティエの集会所も、学校も家々も、生活用の水をためておく水甕《みずがめ》も、そして女性がはくスカートの模様までもが泥染めだ。

ニジェール川が運んできた泥を乾季にせき止め、米や稗《ひえ》を混ぜて１ヶ月近く寝かせるところから、壁塗りや家造りの準備は始まる。

「クサイ、クサイ！　いい臭いになってきたぞ！」。発酵してそろそろ使えるという〝泥大工の長老〟の合図だ。この臭いを発し、表面が黄色く変色して塗り易くなると、泥を現場に運ぶ。建材にするためには、この泥を型にはめ、乾燥させて強度のある〝日干し煉《れん》瓦《が》〟にする。泥大工は100人ほどおり、家の設計、施工、リフォームなどを行う、この街では大事な世襲制の職業だ。

シャツやスカートなどに模様を描く泥染めは、野草の煮汁を泥と混ぜて服に塗るだけだ。乾くと塗った跡が黒くなり、模様になる。家事の食器洗いでも泥を塗ることで油をおとす。どの家にもある水甕は、泥を固めて作られ炎天下でも水を冷たく保つ役割を果たしている。この街では、人々と泥が、あらゆる分野で永く深く付き合ってきているのだ。

取材してきたディレクターに言わせると、とにかくジェンネは暑い。昼間の撮影で三脚を使おうとしたが、オイルが融《と》けてユルユルになって高さが固定できない。カメラの金属部分に触ろうものなら、悲鳴を上げてしまうほどに熱い。昼間は摂氏53度になる時もあるという。時折、気まぐれに吹いてくる風もきわめて熱い。サハラ砂漠の熱を含んでいるからか、まるでヘアードライヤーの熱風を全身に浴びているような気分だったという。

泥や土には断熱効果があり、昼間はむしろ家の中にいた方が涼しい。夜は多くの人が屋上で寝る。陽が落ちると屋根の表面が冷め始め、気持ちが良いのだ。しかも、天気が良ければ満天の星に囲まれて眠ることができる。

さて、モスクの化粧直しの話に戻ろう。人々は、前日からボルテージが上がり、早くもお祭り騒ぎになる。

ニジェール川の川辺に寝かせておいた泥を、笊《ざる》につめてモスクの下に運ぶのは子どもたちの役割だ。まだ暑い昼間から川に飛び込んではしゃぎまわっている。そして夕方になると、泥を積んだ笊を頭の上に載せてモスク目指して我先にと走っていく。早く運んだからといっても本番は翌日だし、何の褒美もないが、誰よりも先に泥を届けるのが少年たちの誇りのようだ。

いよいよ当日、日の出となる朝6時の開始が決まりなのだが、薄暗い5時頃から中央の塔に登っていく若者がいる。待ちきれないようだ。空が白み始めると女性たちが現れる。頭の上の桶《おけ》には水が満タンに入っている。前日に子どもたちが運び込んだ泥が乾いて固まり始めると水を注ぎ、塗り易く軟らかくするのが彼女たちの役割だ。

6時、最初のひと塗りはベテランの泥大工がさらっと塗る。それが合図なのか、若い泥大工たちが喚声を上げながら、一斉にモスクの壁を登り始める。この時に補強用に突き出た棒が足場として役立つ。まるで化粧直しのために設けられているように見える。上にはディスコのDJのような男がいて、拡声器片手に扇動する。

「やる気のある奴もない奴も登ってこい！　神様はいつも見ている。神の恵みがみんなにもたらされますように、頑張って登ってこい！」

ここの泥塗りは全く道具を使わない。すべて自分の手で塗る。両手をフルに使い、腰をくねらせるようにして左右に塗り広めていく。その場を塗り終えると、どんどんと足場を使って上へ上へと登っていく。決して下を見たりはしない。「万が一、落ちても蜥蜴《とかげ》に変身して怪我をしない。そして落ちた途端すぐに人間に戻る」という言い伝えがあるのだという。下では長老たちがじっと座って作業の進み具合を見守っている。そして、女性と子どもたちが声援を送る。若き泥大工たちにとっては、年に一回の最高の見せ場なのだ。陽が高くなると、泥が乾燥して塗りにくくなる。時間との勝負でもある。開始からおよそ2時間。今度は女性たちの出番だ。屋上に上って泥を撒《ま》き、水をかけ、乾かないうちにみんなの足で平らに伸ばしていく。

午前9時、日の出からおよそ3時間で化粧直しは完了する。あっという間のお祭りのように見える。しかし、長老は「これは神への奉仕だ」と言う。そもそも毎年行われる宗教

モスクの化粧直し

的な儀式でもあるのだろう。もちろん、泥塗りに参加した誰もが全身泥だらけだ。長老たちは静かに、伝統が次の世代に引き継がれたことを悦《よろこ》び、神への祈りを捧げる。

この年の化粧直しはこれで終わったかのように見えるが、2週間後に同じ化粧直しがもう一度行われる。一回目はジェンネ1万人の住民のうち東地区の担当。二回目は西地区の担当というように実行部隊が変わるのだ。最後には最も高い塔の上に東西の地区代表が上り塗り終えると、その年の神への奉仕活動と祭りが幕を閉じる。

化粧直し直後の数日間は、モスクの壁は黒ずんでいる。しかし、徐々に乾いてくると薄茶色の「ジェンネの色」になっていく。そしてモスクは、滑らかで優しい輝きを取り戻すのだ。

化粧直しの映像を見ていると、モスクや神に対しては不敬な言い方かもしれないが、まるでサッカーのビッグゲームを見ているかのようなエキサイティングな気持ちになった。若き男たちが生身の体をぶつけ合い、全身を使ってパフォーマンスをし、周囲の者たちは大声援を送る。すべてがスピーディーで誰も怠ける者がいない。化粧直しは宗教儀式であり、祭りであるとともに、住民同士の絆《きずな》を確かめ合う大切な催しなのだと思えてくる。晴れ晴れしいというか気持ち良いというか、自分も頑張って生きなきゃいけないといった気分になる。

ジェンネの映像のどこを見ても、不幸せそうな顔がない。怒っている人を見つけることもできない。泥とともに生きるここの暮らしが貧しいからだという人もいるが、私はそんな気にはなれない。東京やニューヨークやロンドンの群衆よりもはるかに幸せそうだ。

自分たちの身の回りにあるもの、すなわちニジェール川からの恵みである泥を最大限に生かし暮らしている。遠いところからお金をかけて建材を運んでくることは一切ない。究極の〝地産地消〟だ。ひとつの〝都市の原点〟としてここジェンネを記憶にとどめてほしいと思う。

　そしてもうひとつ、「泥の文明」として特筆すべき街がある。アラビア半島南部、イエメンのシバームだ。人呼んで〝砂漠のマンハッタン〟。ジェンネと同じように家々はすべて泥でできているが、ここの建物は高層住宅なのだ。5、6階建てのビルがニョキニョキと真っ平らな地面から群れをなして生えだしたように見える。

　高層住宅だからといって、集合住宅、いわゆるアパートではない。一軒に一家族が暮らしている。家族が住むのは3階より上で、1階と2階は家畜小屋や食料貯蔵庫として使われている。上層部に隣の家とつながった空中の廊下があり、敵の攻撃を受けた時に家から家へと退散したり、あるいは固まってみんなで敵と戦えるように工夫されている。そのせいで家々は隣り合わせにくっつき、まるで群れをなしているように建てられているのだ。

　ところで、泥でそのような高層ビルが可能なのだろうかと、皆さんは不思議に思われるだろう。私も同じように疑問を持ったが、同じ日干し煉瓦でも、作り方が他とは違うようなのだ。まず、寝かせて発酵させた泥に麦藁を混ぜ込んで、強度を高めてから型に流し込む。そうして天日に干して、丈夫な煉瓦にする。だが、ここにもうひと工夫ある。煉瓦の型が各階ごとに違うのだ。2階用は1階よりも一回り小さく、3階は2階よりもさらに一回り小さくと、上にいくほど煉瓦は軽く小さくなっていくのだ。建物自体を肉眼で見ても、そうはっきりとは判らないが、上にいけばいくほど下にかかる負担を減らしているわけだ。

シバームでもジェンネと同じように乾季の壁塗りが欠かせないが、風景としては全く違う。よじ登って塗るのではなく、屋上から縄で台をぶら下げ、そこに腰かけて板のような道具を使って塗っている。見た感じは東京のビル群の窓拭《まどふ》きに近い。

こうして、シバームの人々は500年以上にわたって、泥の高層住宅を守り続けてきた。もっと大きな街では、モロッコの〝フェズ旧市街〟が泥で作られた迷宮都市といえる。世界遺産の映像を見続けてきた実感としては、地球上の人類の何分の一、いや30パーセントくらいは、こうした泥の文明のなかに生き、暮らしているのではないだろうか。

ここで前項目「西欧文明の洗礼」に戻り、もう一度、法隆寺の世界遺産登録に関わった、益田兼房さんにご登場いただく。日本は、「木の文明」だけでなく「泥の文明」にも関わっていたのだ。

益田さんが、ユネスコの諮問機関であるイコモスから調査に来ていたハーブ・ストーヴエルを法隆寺に案内し、すべてを説明し終えて、多少の安堵感《あんどかん》に浸っているときのことだった。関西《かんさい》から東京へ戻る新幹線の中で、ストーヴェルが突然こう言いだしたのだという。「日本が主体となって、多様な文化を持つアジア、アフリカ、中東などの国々を集めて、〝それぞれの地域における本物とは何か〟を議論し、指針を導き出す国際会議を開いてほしい」

法隆寺がいかに世界遺産にふさわしいかを全力をあげて説明し、疲れきっていた益田さんはガックリきたという。法隆寺に対して好感触を与えることはできたとしても、まだ登録勧告はなされていない。断るわけにはいかない申し出だったのだ。しかも、ストーヴェルは東京駅に着くと、さっそく文化庁幹部に電話を入れ、益田さんに語ったことと同じ言葉を繰り返していたという。

世界遺産について審議する時に、常に持ち出される重要な言葉がある。〝Authenticity〟だ。英和辞典を引けば「真正であること。真正さ」と出てくることが多いが、日常的な言葉に置き換えると「本物であること」という意味だと私は理解している。法隆寺をめぐって「日本の木造文化が本物と言えるのだろうか？」と〝Authenticity〟に照らして自問自答していたストーヴェルが「日本が音頭をとって多様な文化圏における〝本物とは何か〟を規定せよ」とプレッシャーをかけているのだ。

益田さんにとって、いや日本にとって重い宿題を背負わされたことになる。しかし、このことは「石の文明」から始まった世界遺産を「木の文明」、そして「泥の文明」へと地域と文化圏を広げ、地球上の多様な文化を組み入れていく上で欠かせない関門だったとも言えるのだ。

1993年12月に法隆寺をはじめとして、日本が世界遺産条約への仲間入りを果たした翌年1994年に奈良市で国際会議が開かれた。ここで導き出された多様な文化の本物性については〝Authenticity〟に関する奈良ドキュメント〟としてまとめられ、専門家たちに世界文化遺産評価の指針のひとつとして使われている。

益田さんは「日本はまだまだ西欧諸国の文化ほど、自分の国の文化を規定できていない。中国文化と日本文化との違いすら、明確に説明できない」と語る。陸続きで互いに切磋琢磨《せっさたくま》し、自国の文化を主張してきた西欧に比べ、まだまだ日本はひ弱だというのだ。その謙虚さには頭が下がる。そして、それは事実の一端であることは間違いないだろう。

だが一方で、日本が世界遺産を地球上に広めることに一役買ったことも事実だと私は思いたい。もちろん、世界遺産条約に加盟したおよそ190ヶ国の中で、30ヶ国ではまだ世界遺産が生まれていないことも事実なのだが……。

第Ⅲ章　名もなき人々の旅路

冒険者の夢～ランス・オ・メドウ国立歴史地区（カナダ）～

〈11年8月　検索deゴー！　とっておき世界遺産〉

世界遺産のなかには、この人物がいなければ世の中に知られることもなく、場合によっては存在自体が消え失《う》せていたものもある。

その人物がもつ権力や富にものをいわせて、見る人を圧倒するような宮殿や大聖堂を建てたわけではない。熱意と執念とで、誰も見つけられなかったものを発見し、あるいは私たち人類の宝を、存亡の危機から救った人々だ。

最初に、カナダの寒冷地でただの草原にしか見えない地が、コロンブスより500年も前に、ヨーロッパ人がアメリカ大陸に到達した地だということを発見した男の足跡をたどりたい。

その男の名はヘルゲ・イングスタッド。ノルウェーの海岸沿いの町ベルゲンの中流家庭に育ち、オスロの大学で法律を学んだ。大学卒業後は弁護士となり、1年後には自分の事務所を開いて成功をおさめていた。その後に行政官を務めたという経歴もある。しかし、子どもの頃から自然に親しみ、弁護士になってからもカナダ先住民と一緒に旅をするなど、根っからの冒険心を封印することはできなかったようだ。

いつしか、彼は北欧に古くから伝わる古文書の記述に引き込まれていった。それは『サガ』と呼ばれるバイキングの伝説や神話が収められた物語だ。バイキングは9世紀から11世紀にかけてノルウェー、デンマーク、スウェーデンから船を自由に操り、新天地を求めて各地で戦いや冒険を繰り広げていた集団だ。日本では海賊というイメージが強いが、新たな地で農業や牧畜、漁業など地道な生活を営んでいた人々でもある。

サガによると「バイキングがアイスランドからグリーンランドへの旅の途中で嵐にあって遭難し、とある土地へ漂着した。そこは太陽の位置から、グリーンランドよりも南だと判り、のちにバイキングたちはそこを訪れ『ヴィンランド』と名付けて冬を過ごした」と書かれている。グリーンランドより南の地、ということになると、そこはもう北アメリカだ。しかし、そのヴィンランドがいったい何処のことなのかは、20世紀に入っても幻のままになっていた。

イングスタッドは50歳を過ぎてから、その地ヴィンランドを探す旅に挑み始める。多くの研究者たちは、ヴィンという言葉がブドウを指すと判断し、野生のブドウがなる温暖な地だと考えていた。しかし、イングスタッドはヴィンという言葉は、古いノルウェー語で「平原や草原」という意味を持つことを突き止め、むしろ寒冷地ではないかと狙いを定めた。

そして、16世紀以前に作られた地図をくまなく辿《たど》り、ヴィンランディアという地名に突き当たる。その古地図を現代の地図に当てはめると、ヴィンランディアはカナダ北東にあるニューファンドランド島にとても似ていた。その島は北海道の1・5倍もある大きな島だが、イングスタッドは61歳の時に16歳の高校生だった娘のベネディクトを伴い、小さな船で探索の旅に出る。ひとつひとつの漁村に立ち寄っては、遺跡やかつて人が住んだ痕跡《こんせき》がないかを探し回った。当時の父親の様子を、娘のベネディクト・イングスタッドはこう振り返る。

「父はとても頑固で、自分が計画したことは必ずやり遂げる強い意志を持った人です。ヴィンランドを探している旅の途中で、『もし宝があっても教えてなんかやらない』と意地悪を言う人もいましたが、父はとにかく根気強く探索を続けました」

そして、イングスタッドの苦労が報われる日がやってくる。1960年6月10日、たどり着いたのは人口１００人ほどの漁村〝ランス・オ・メドウ〟だった。村長のジョージ・デッカーに「ここに遺跡のようなものがないか？」と尋ねると、不思議な所があると近くの草原に案内された。そこは20センチメートルほど土が盛り上がっており、イングスタッドはすぐにそこが住居跡だと確信した。

私が映像を見た限りでは、たんなる草原にしか見えないが、思いつめていた男の勘が鋭く働いたのだろう。ところがイングスタッドは考古学者ではないので、発掘の許可が下りない。ここで頼もしい助っ人《すけっと》が登場する。妻のアナスティーナだ。古代遺跡に憧《あこが》れていた彼女は、結婚後、大学に通い考古学者の資格を取っていたのだ。イングスタッドは妻を呼び寄せ、妻の助手という形で発掘作業を進める。しかし、寒冷地での作業には苦労が伴う。７月でも気温が氷点下まで下がる。冬場はまったく仕事にならない。

そんななかで妻のアナスティーナが最もつらかったのが、考古学者にはこの発掘に対して良く思わない人が多く、「バイキングの上陸地ヴィンランドのわけがない」という中傷だったと娘のベネディクトは言う。「父はそういうことをまったく気にしない性格でしたが、母は気にするタイプなので重荷だったのでしょう」と述懐する。二人は発掘の最中に喧嘩《けんか》をすることもあり、妻のアナスティーナが山の中の岩陰に隠れてしまい、発掘が中断することもあった。

しかし、そんな二人を支えたのは共通の夢。コロンブス以前に、バイキングが大西洋を渡り、北米大陸に来ていたという新たな歴史を証明することだった。

最初の頃は大きな住居や作業場の跡も見つかったが、それがヨーロッパから来た人々のものだという証明には至らない。この地に来て3年目の夏に、ようやくひとつの証拠が土の中から現れる。鉄の釘《くぎ》だ。炭素検査などでおよそ1000年前の釘だと判明する。その頃にカナダの先住民に製鉄の技術はなく、少なくとも別の土地、おそらくヨーロッパから人々がわたってきていたことが明らかになった。このことは歴史を覆す大ニュースとして世界中に伝えられた。

しかしまだ、釘だけではこの地がヴィンランドだという証明にはならない。さらに貴重な発見があったのだ。〝回転石〟と呼ばれる石の指輪のようなもので、毛糸を紡ぐときにバイキングの女性も使う重りが見つかった。この発見とその後の調査により、荒くれ者の男だけでなく、およそ200人のバイキングの家族たちが、この地に住んでいたことが明らかになった。

娘のベネディクトは「父と母の喜びようは、もう本当に凄《すご》かったです。喜ぶ二人を見て、私も飛び上がるほど嬉《うれ》しくなりました」と当時を振り返る。

ランス・オ・メドウが、古文書『サガ』に書かれていたヴィンランドだったことが証明されるまでに、8年の歳月が費やされていた。ここまで彼が情熱を燃やし続けられたのは、その冒険心とともに、自分もノルウェー人としてバイキングの血をひいているという強い気持ちがあったからではないだろうか。

当時のインタビューでは「バイキングたちは自分たちの文化を根付かせることのできる土地を探していました。そして何よりも大切にしていたことは、愛する家族がともに安心して暮らせる場所を探すことだったのです」と語っている。

彼のバイキングに対する優しい眼差しが感じられる言葉だ。しかし残念ながら、バイキングたちは先住民たちとの軋轢《あつれき》があったのか、2年ほどでこの地を去ったと見られている。もし永住していたならば、コロンブスの新大陸発見は小さな出来事になっていたのかもしれない。しかし、バイキングが1000年も前に、家族のために新天地を求めて4000キロメートルもの彼方《かなた》から大西洋を渡り、アメリカ大陸にやってきたという事実は消えることはない。

「草原の入江」という意味の〝ランス・オ・メドウ〟が世界遺産になったのは1978年。

イエローストーン国立公園やガラパゴス諸島、ラリベラの岩窟《がんくつ》教会群などとともに、最初に登録された世界遺産第一号12件のなかのひとつだ。

今、この地では、最大の協力者だった妻アナスティーナとともに、男前でちょっとやさ男のイングスタッドの胸像が大草原を静かに見つめている。

ヘルゲ・イングスタッドは2001年、オスロで101歳の生涯を閉じている。弁護士のままで安定した人生を都会で送っていたら、もっと早死にしていたのかもしれない。『サガ』の伝説に没頭し、信じた道を選んだからこそ、この長寿が与えられたのではないだろうか。やはり彼には、冒険家が合っていたのだ。

ゴミ処理場からの復活～メッセルピットの化石発掘地域（ドイツ）～

〈10年5月　検索deゴー！　とっておき世界遺産〉

2009年5月、ニューヨークのアメリカ自然史博物館で、ある化石についての記者会見が開かれた。化石の名は〝イーダ〟。体長90センチメートルほどで、サルからヒトへの進化を知る上で、重要な意味を持つかもしれないと研究が進められている化石だ。

そのイーダが発掘されたのが、ドイツ南部ヘッセン州の小さな村、〝メッセルピットの化石発掘地域〟だった。広さは東京ドームの13倍ほどもある。およそ4700万年前、恐竜が地球上から姿を消した後に、哺乳類《ほにゅうるい》がどう進化をしてきたかを辿ることができる貴重な化石の宝庫だ。

ところがここは、1970年代に、大きなゴミ処理場の計画が持ち上がった地域だった。人口が増えるとともに廃棄物も急増し、ドイツでは広大なゴミ埋め立て地が必要とされていたのだ。工事のための道路のとりつけも始まり、地元住民や化石愛好家たちの反対をよそに、工事の決定が下されていた。

ゴミ捨て場として最適だと白羽の矢が立ったのは、地下に高い密度のオイルシェール（油母《ゆぼ》頁岩《けつがん》）の地層が広がっているためだった。油を含んだ170メートルもの地層が、ゴミから出る汚水が地下水に混ざってしまうことを防いでくれるからだった。ゴミ処理場による周辺の環境問題を心配することなく計画を進められるという、行政上のメリットがあったわけだ。

しかし同時に、この油分を含んだオイルシェールと呼ばれる地層は、化石を守るという意味でも最適な場所だった。酸素が少なく、化石の腐敗を防いでくれるのだ。骨だけではなくソフトボディ、要するに肉体をも保存している。胃の中身や軟らかな組織までも保存されているので、生態の研究も進められるのだ。実際、原始のキツツキの胃からはブドウの種が見つかっている。

タマムシの化石は今も青く輝き、絶滅した原始のハリネズミの化石は、表皮を覆う体毛のシルエットまで残っている。ほかの場所では歯は歯、骨は骨、とバラバラに掘り出されるのが普通だが、ここメッセルピットの化石は、今にも動き出しそうな生き生きとした姿を留《とど》めている。

一方で、大きな欠点も抱えていた。平べったい貝のようなオイルシェールは乾燥に弱く、最大で40パーセントと非常に多くの水分を含んでいるために、掘り出すとすぐに崩れてしまうのだ。形として残らないのでは、一般の人々にその価値を認めてもらうことができない。

それに対して力を尽くしたのが、メッセルピットに通っていた化石愛好家たちだった。なかでもオットー・ファイストさんは、文献としては1960年代から記されていた、人工樹脂で化石を固めて保存する方法を、試行錯誤を繰り返し、改良に改良を重ねて実用化した中心人物だった。

オットーさんは、ゴミ処理場の話が出始めた1970年代前半に、よく一家でメッセルピットにピクニックに出掛けた。オットーさんが車を運転、妻が弁当を用意し、当時11〜12歳だった娘のスザンネさんは父の化石発掘を手伝った。それ以降、いつしか週末には父と娘が一緒に出掛けるようになり、スザンネさんは父親、オットーさんのある日の姿をはっきりと覚えている。その日に見つけたのは大きな魚一匹だけ、その化石を大切に新聞紙にくるんで、乾かないように注意深く持ち帰った。しかし、家に帰ってみると化石は既にバラバラに壊れてしまっていた。その時のオットーさんは、本当に残念そうにうなだれていたという。

それ以降、オットーさんは本来の画家の仕事の合間に、化石を標本にして保存する方法を練り始めた。

それは簡単なことではない。化石が発見されたら、上面のオイルシェールを注意深く取り除く。プラスチックのシートで化石の周りを囲む。ドライヤーなどで乾燥させてから、人工樹脂を流し込んで固める。そこで完成かと思うのは素人考えで、まだ半分しか作業は終わっていない。それから、12時間以上かけて樹脂を完璧《かんぺき》に乾燥させてから、ひっくり返して化石の反対側についたオイルシェールの層を注意深くはがしていく。これは「裏返し方法」と言われるもので、文献上は知られていたものの、メッセルピットで実践したのはオットーさんをはじめとした化石愛好家たちだったのだ。

化石によっては、ナイフやブラシを使って汚れを落とし、さらに顕微鏡を覗《のぞ》きながら、外科手術用のメスを使って作業することもあった。

オットーさんの娘スザンネさんは「父はゴミ処理場建設の反対デモに参加することは一切せず、貴重な化石を一つでも救おうとひたすら採掘に精を出し、標本化に時間を費やしていました。シャイで無口な人でしたから、言葉として聞いたことはありませんが、ゴミ処理場の計画をとても悲しんでいたはずです」と語る。

そんなオットーさんたち化石愛好家の努力をよそに1984年、裁判所は住民側からのゴミ処理場建設中止の訴えを退ける。もはや反対運動は敗北同然に追い込まれていた。しかし、世の中は皮肉なことが起きるものだ。ゴミ処理場にする工事のために窪地《くぼち》の水を抜くと、それまでまったく知られていなかった新たな化石発掘ポイントが姿を現したのだ。古生物学者たちは、この化石たちをゴミ処理場として埋め立ててはならないという責任感を強く持つようになる。現在、イーダの研究にもかかわっているイェンス・フランツェン博士は、世界中の科学者たちに手紙を送り、メッセルピットの窮状を訴えた。

貴重な化石が発掘され、標本化されると記者会見をし、世論を味方につけようと動き始めた。地元の小さな博物館は収蔵していた化石に、あえて「ゴミ捨て場」と名を冠し、訪れる人々にアピールを始めた。そして、この話題の化石を見ようと、メッセルピットには年間1万5000人もの人が訪れるようになる。

そしていつしか、オットーさんたち化石愛好家や、フランツェン博士たち研究者に有利な風が吹くようになっていた。ゴミは埋め立てるものではなく、化学的に分解して処理するものへと時代が変わり始めていたのだ。

さまざまな経緯で、1987年には反対派が上告を続けていた裁判所から「ゴミ処理場の計画中止」の判決が下された。そして、1991年にはヘッセン州政府がメッセルピットを買い取り、その価値を認めて、完全に守ることを約束するに至った。

25年にわたる数奇な歴史を経て、1995年にはメッセルピットは世界遺産に登録される。ドイツ初の自然遺産というだけでなく、貴重な化石の採掘場という理由だけでの世界遺産は、とても稀《まれ》なことだった。

しかし残念なことに、オットー・ファイストさんは1981年に55歳の若さで、心筋梗《こう》塞《そく》により既にこの世を去っていた。父とともに週末に化石を発掘した娘のスザンネさんは、父の影響を受けて大学で地質学と古生物学を専攻し、今では考古学の博士号を取得している。

「父は、週末は夜明けから日が落ちるまで化石収集に没頭していました。アマチュアの採掘者のなかでは、発見した量も一番か二番でした。学名として父の名がついた化石も二つあります。そのうちの一つ、『サニーワ・ファイスティ』はとても美しい動物です。口の中の歯、1本1本まですべての骨がきちんと並び、完全な形で保存されています。父のような化石愛好家たちがいたからこそ、貴重な化石を標本にして多くの人に見てもらうことができたのです。この人たちがいなければ、今日、メッセルピットは世界遺産にはなっていなかったと思います。すぐにゴミでいっぱいになっていたことでしょう」

ゴミ処理場計画が中止になっていたからこそ、サルとヒトとをつなぐかもしれない「イーダ」も発掘され調査が続いている。化石こそ地球に刻まれた、私たち生き物の歴史を語る貴重な存在なのだ。

〝大平原の母〟と呼ばれて……〜ナスカの地上絵（ペルー）〜

〈09年3月　検索deゴー！　とっておき世界遺産〉

いったい誰が何のために、どのように描いたのか……？　巨大な〝ナスカの地上絵〟は、私たち現代人に謎とロマンを投げかけてきた。

ペルー南部の乾燥地帯に描かれた、幾何学模様、動物、そして植物の絵は、大きなものでは長さ100メートルを超える。1970年代には、宇宙船が着陸する時の目印として描かれたというセンセーショナルな説の本が出版され、それに対抗するかのように、古代の織物を再現した布で気球をつくって実際に飛行し、古代人が気球遊覧を楽しむために描かれたという説が発表されたりと、世間を賑《にぎ》わせてきた。

最近では、古代ナスカ文明の時代に水を乞《こ》う儀式のためだとか、豊作を祈願するために描かれたものだというような説が主流だが、いまだにはっきりとしたことは判っていない。

そんなナスカの地上絵の存在を人々に知らせ、失われることのないように、生涯をかけて守り通してきた、ひとりのドイツ人女性がいる。

その名は〝マリア・ライヘ〟。１９０３年にドレスデンの代々裁判官の家に生まれた。ドレスデン工科大学で数学を専攻し、ハンブルク大学では哲学と教育学を学んでいる。ところが当時のドイツにはヒトラーが出現しナチスが台頭してきていた。全体主義が幅をきかせ、未曾有《みぞう》の経済不況に陥り、社会全体が混迷のなかにあった。そんなドイツの状況を嫌ってか、ライヘはペルー在留のドイツ領事の子供の家庭教師としての仕事に応募する。そして80人の希望者の中から選ばれて、29歳でひとりペルーに渡った。

家庭教師として、7歳と5歳の二人の子供に、ドイツ語を学ばせるとともに、小学校課程を満遍なく教えた。しかしその仕事は2年間で終わり、その後はドイツ語や英語の教師や子供たちに体操を教えたりしながら生計を立てていたという。そして考古学博物館で翻訳の仕事をしていた時に、アメリカ人の考古学者、ポール・コサックに出会う。その時、ライヘ35歳。このことが、のちにマリア・ライヘの人生を決めることになっていく。実はこの男が、平原を横断する飛行機のパイロットたちが、奇妙な模様が見えると噂をしていたナスカの地上絵を、学術的な意味で発見し公表した男だったのだ。

それから3年後、ライヘはリマからバスで12時間をかけて、初めてナスカへと旅をする。

そのころ既に発見者であるコサックはアメリカに帰国しており、ライへはひとりで大草原へと向かったのだ。

地上絵は、乾燥した黒い大地を僅《わず》かに掘ってできた白い線で描かれ、しかも巨大だ。地上から見ていては何が描かれているのか、さっぱり判らない。ライへは脚立の上にのぼって、何が描かれているのかを確認しようとした。その姿が写真として残っているが、高い脚立の上で背筋を伸ばし、はるか遠くに視線をなげかける姿は、どこか意志の強さを感じさせる。

楠田枝里子著『ナスカ　砂の王国』では、マリア・ライへのナスカでの言動が生き生きと記録されている。それによると、ライへは、何が描かれているのかを最初に自分で見つけた時のことを、こう語っている。

「描かれた線が、実はクモの絵だということが判ったときは、本当に素晴らしい瞬間でした。地上絵は調和と美しさを兼ね備えており、まさに芸術でした」

ライへは一気に地上絵に引き込まれていく。これほど大きな絵をどのようにして描いたのか？　そして何故描く必要があったのか？　ペルーに渡ってから職を転々としていたライへはナスカに留まり、地上絵の研究に専念することを決意する。

まずは全貌《ぜんぼう》をとらえるために、地上絵の地図作製に没頭した。脚立と巻尺、経緯儀という主に天体望遠鏡に装着されている測量機器などを抱えて、平原を歩き回るライへの姿が目撃されている。しかし、資金は乏しく、人脈もなく、そう簡単に結果に結びつかない。ナスカの町から通っていたのではらちが明かないと、ライへは平原の端にある水道や電気もない小屋に寝泊まりして研究に没頭していく。その小屋は現在、マリア・ライへ博物館のなかに残されているが、平屋の掘っ立て小屋で、本当にみすぼらしいものだ。ナスカの平原は、夏は強い日差しにさらされ、夜は大変な寒さだ。この時、ライへ47歳。当時のライへの写真を見ると、暖をとるために厚手の服を重ね着し、毛糸の帽子をかぶり、ドイツにいた若い時の育ちが良く理知的な面影はまったくない。紙を使うのがもったいないからと、スカートに測量結果を書きこんでいたという。

その頃ライへは、地上絵の線が消えかかると箒《ほうき》を持ち出し、せっせと砂を掻《か》き出していた。その特異な姿は、近隣の人々に恐れを抱かせてしまう。当時ライへの調査を手伝っていたエスパルサさんは「みんなライへのことを魔女だと思っていたんだ。だから誰も彼女に近づかず、喋《しゃべ》ろうともしなかったよ」と証言する。

たしかに、大きな箒を持って立つライへの姿は、アニメに出てくる魔女の姿を彷彿《ほうふつ》とさせる。しかし後ろ指をさされようとも、ライヘは平原に通い続け、謎の解明に挑んでいく。そのエネルギーは空にも向かう。ペルー空軍に話をつけ、初めてヘリコプターから地上絵を観察する。これは脚立の上から何の絵なのかを推測するよりも、どれほどスケール感があり、合理的な方法だったことだろう。そしてヘリコプターから地上絵の実像を写真に収める。この時の写真は、謎の地上絵の存在を世界に広めるきっかけともなるものだった。

ライヘは空の上から地上絵を見たことでインスピレーションがわいたのか、古代ナスカ人が、どのように巨大な絵を描くことができたのか、その方法を思いつく。まず小さな絵を描き、そのわきに杭《くい》を打ち込んでいく。そこから紐《ひも》を伸ばしていき、拡大したポイントを線で結んで巨大な絵にしたという、いわばスケールアップ、拡大法だ。

そしてライヘは、地元の人も知らなかった地上絵を発見する。その絵はぐるぐると円を描く渦巻き状の曲線と、長く伸びた手と足のようなものが目立つ。各部分を繋《つな》ぎ合わせていくうちに、それが大きなサルだということに辿り着く。渦巻きはサルの長い尻尾《しっぽ》を表現していたのだ。ライヘは「体ごと飛び上がってしまったわ。こんな幸福感を味わったことはなかった」と興奮し、幾日もサルの絵の横で過ごし、時には野宿することもあったという。

そんな時、満天の星空を眺めているうちに、古代ナスカ人の想いがひらめいた。多くの古代文明が星座を重視していたように、ナスカの人々も独自の星座を形づくり、それを地上に描いたのではないかと考えた。ナスカの平原は何も遮るものがなく、無数の星はまるで地上に降るように輝いていた。サルはその形から、北斗七星を含む周辺の星、クモはオリオン座をあらわすなど、新たな仮説を打ちだし、地上絵の謎の核心へも迫っていく。

ところが、そんなライヘの努力とは裏腹に、1955年、ペルー政府がナスカ大平原の灌漑《かんがい》計画を発表したのだ。それは、乾燥して荒れた大地を農地にしてきたナスカの人々にとっては、願ってもない開発計画だった。しかし一方で、その計画が実行されれば、地上絵は永遠に葬り去られることになる。ライヘは平原に工事のためだと思われる、木の杭を発見する。

周囲は靴の跡で荒らされており、ライヘは怒りをつのらせる。助手をつとめていたエスパルサさんは、ライヘの怒りをこう証言する。

「ライヘは、誰ひとり反対しないナスカの人々に対しても、とても怒っていたよ。『自分たちが何をやろうとしているのか、まったく分かっていない』ってね。私もよくこう言われたもんだよ。『あなたも私と一緒に行動してほしい。ひとりでも多くのペルー国民が、率先して行動を起こさなくてはならない。地上絵を守ることは、人類すべてにとって重要なことなんだ』とね」

ライへは地元の新聞社に、自分の研究成果と地上絵の重要性を訴え続けた。リマで写真展を開き、私利私欲のないライへの熱意は徐々に人々の心を動かし、空軍とマスコミは地上絵の保護に賛同する。そして政府の代表もナスカの地上絵を訪問し、灌漑計画の中止が決定された。

ところが、またライへを悩ませることが起きる。地上絵は宇宙船が着陸するための目印として描かれたという説の本が各国で話題となり、急激に観光客が押し寄せるようになる。既に地上絵に描かれた模様は、発掘された古代ナスカ文明の陶器に描かれたものと共通点があり、宇宙人説は荒唐無稽《むけい》なものだということは明らかだった。しかし世間はそんなことには目をむけない。心ない観光客たちは平原に入っては地上絵の線を踏みにじってしまう。

ライへは地上絵が見えやすい場所に十数メートルの見学塔を建て、そこから見ることで旅行客を満足させようと計画する。そのために著書の売り上げや講演料のすべてをつぎ込み、各地で写真展を開いては資金にあてた。

すべてを地上絵を守るために捧《ささ》げるライヘへの姿勢は少しずつではあっても人々の心に浸透していく。地上絵の価値は広く認められるようになり、ライヘは20年以上にわたる研究の成果を一冊の本にまとめる。ライヘ67歳。この本には、星座をあらわす地上絵と古代ナスカの人たちの願いとを結びつける独自の説が書かれている。ライヘは北斗七星周辺の星座にサルの絵をあてはめていたが、この星座が現れるのは夏だけで、ちょうど農作物の種まきの時期と一致している。地上絵には、北斗七星が夜明けの空に見えるころに、アンデスの雪解け水が大地を潤してくれることを待ち望む、古代ナスカの人々の祈りが込められていると考えたのだ。

80歳を超えた晩年のライヘは、パーキンソン病を発症していた。ところが、体がいうことを利かないにもかかわらず、地上絵へと足を運んでいた。助手を務めていたギアさんは、その頃の様子をこう語る。

「ライヘさんは、よくこう言っていました。『私が死んだら誰が地上絵を守るの？　とても心配だわ』。僕はいつもこう答えていたのです。『心配しないで。あなたは永遠に生き続けるから』。そうするとライヘさんは笑っていました。ライヘさんはずっと地上絵の今後のことを気にかけていました」

１９９４年、そんなライヘの願いが実を結ぶ時がやってきた。ナスカの地上絵が世界遺産に登録。諮問機関のイコモスからユネスコへの報告書のなかでは、ライヘが地上絵の研究と保護に生涯を捧げたことが高く評価されていた。

世界遺産に登録されたことを見届けてから4年後の１９９８年、マリア・ライヘは95歳の生涯を閉じた。この時の、棺《ひつぎ》のまわりに地元の人々が集まっている映像が印象的だ。それぞれがライヘに触れ、祈り、別れを惜しんでいる。この中には、かつて魔女と呼んでライヘを遠ざけていた人もいたかもしれない。60年間にもわたるライヘの言動が、ナスカの人々の心を揺り動かしたのだ。

そして、彼女はいま、地上絵を臨む大平原に眠り、〝大平原の母（Madre de Pampa）〟と呼ばれている。

※参考引用文献『ナスカ　砂の王国　地上絵の謎を追ったマリア・ライヘの生涯』
楠田枝里子著（文藝春秋）

街は甦った～ワルシャワ歴史地区（ポーランド）～

〈06年　シリーズ世界遺産１００　07年4月　探検ロマン世界遺産〉

徹底的に破壊された街を、ワルシャワ市民たちは甦《よみがえ》らせた。

１９４４年、ナチスドイツは、ポーランドから撤退するにあたって、ワルシャワの街を破壊して立ち去った。そのことを予感していた、ワルシャワ工科大学の建築学の教授だったヤン・ザフファトビッチと学生たちは、ひとつひとつの建物を詳細にスケッチしていった。それら3万５０００枚の図面がもとになり、第二次世界大戦後、ワルシャワ旧市街はほとんど元通りに復元されたのだ。

建物にほどこされた彫刻などの装飾も緻密《ちみつ》に描かれ、図面には実際に測った寸法が書き込まれ、正確な復元を可能にした。「壁のヒビひとつ見逃すな」。復元を目指す仲間たちの合言葉だった。ザフファトビッチや学生たちが描いた図面は、修道院の棺の中に隠すなど、ナチスに見つからないように保管された。ザフファトビッチがいつも語っていた言葉は

「歴史を奪われた国民は、記憶を奪われた国民であり、存在しないも同然だ」。その信念が学生たちの精神的な支えとなり、3万5000枚の図面に結びついたのではないだろうか。

戦後に復元された旧市街（歴史地区）は、ヴィスワ川のほとりの周囲およそ1・5キロメートルの城壁に囲まれ、700年の歴史を持つ。復元された建物には、ふたつの年号が並んで記されている。最初に建てられた16世紀の「1566」と、復元された20世紀の「1953」だ。

その復元の作業には大きな壁が立ちふさがっていた。ナチスドイツが去った後には、ソビエト連邦が支配者として入ってきていた。彼らはソビエト的な社会主義の街に造りかえようと計画を立てていたのだ。しかしザフファトビッチの意向を知っていた職人たちは、一晩で広場を囲む建物の一部を復元してみせた。市民たちの無言の抵抗だ。ポーランドは周囲を七つの国に囲まれ、常に抑圧を受けてきたという歴史がある。第二次世界大戦の末期には、サラリーマンも学生も女性も立ち上がり、ワルシャワ蜂起《ほうき》が起きている。武器を持つだけでなく、ビラや新聞をつくり地下活動もおこなった。そんな民族の誇りが、職人たちのなかにも生きていたのだ。

14歳の時にワルシャワ蜂起に加わった、ザフファトビッチの長女クリスティーナさんは、ナチスの暴挙についてこう語っている。

「最初に申し上げておかねばならないことは、ワルシャワは戦闘によって破壊されたのではないということです。ポーランドの首都を抹殺しようというヒトラーの意図によって破壊されたのです。ワルシャワの破壊は、ポーランド人の国民性を破壊することでした。支配階級であるドイツ人に仕えるように、ポーランド人を貶《おとし》めようとしたのです。ですからワルシャワの復元は、国民的アイデンティティーの象徴でもあったのです」

ナチスや次に侵攻してきたソビエトの圧政をはねのけようとする人々のエネルギーが、街の復元を後押ししていたということだ。

それでも、最後まで復元の許可が出なかったのが王宮だった。王宮の歴史は14世紀にまでさかのぼり、歴代の王が住居を構えてきた。さらにここは、民族の自由と独立を象徴する場でもあるのだ。「5月3日の間」と呼ばれる部屋があり、1791年5月3日、ここでヨーロッパとしては初めての民主主義を謳《うた》った成文憲法が採択されている。主権は国民にあること、国民の自由と権利を守るために、権力も立法、行政、司法の三権に分けることがはっきりと記されている。この王宮の復元を認めることは、社会主義政権のソビエトにとっては、どうしても避けたいことだった。しかし、時代の歩みが味方になる。ソビエトとアメリカが睨《にら》み合っていた東西冷戦状態が雪解けを迎えたことが後押しとなり、1971年に王宮の復元が許されることになった。膨大な費用がかかると知った市民たちは、募金活動をおこなった。残された残骸《ざんがい》を再利用できないところは、職人たちが丁寧に新たな部材を作った。そして避難していた玉座や破壊を免れた中世の家具や絵画が戻された。

クリスティーナさんはこう言う。

「ナチスの破壊の後にしっかりと残っていたのは1本の柱だけです。でもポーランドの歴史の象徴として、王宮はぜひ復元しなければならないものだったのです」

王宮を正面に臨む壁に1枚のプレートが埋め込まれている。「破壊されたものの復興は、未来に対する責任である」

ヤン・ザフファトビッチの信念の言葉である。クリスティーナさんはこう付け加える。

「この一文に、父の意思は凝縮されています。復興は未来を生きる子供たちに対する責任なのです。人は生き続け、歴史は消えないのだということを伝えるために」

ヤン・ザフファトビッチは王宮復元の完成を待たずに、1983年、この世を去っていた。

しかし、彼の教え子たちが、ザフファトビッチの信念を見事に受け継いでいたというエピソードがある。

ワルシャワが世界遺産の候補になった時のことだ。ユネスコでおこなわれた委員会では、「建造物が複製であって、本物ではない」という意見が出された。この委員会にはザフファトビッチの教え子たちも出席していた。そのひとりにナイジェリアの委員からこんな質問が飛んできた。

「もしワルシャワが破壊されていなかったら、あなたはワルシャワを世界遺産の候補として申請しましたか？」

その時、その教え子はこう答えた。

「私の答えは『いいえ』です。なぜならワルシャワ旧市街の場合、昔あったままの本来の姿よりも、その復興こそが計り知れない価値と、魅力を生みだしたからです」

そして、世界遺産委員会は本物であるかを評価するために、調査団をワルシャワに派遣した。その結果、「ワルシャワにおいて『本物』という概念は、１９５３年から続いた復興期間に対して当てはめることができる」という結論に至った。

これは先にも述べた、法隆寺のケースとはまた違った意味で、世界遺産における「本物」の概念が、もうひとつ加わった瞬間でもあった。

そして、１９８０年、ワルシャワ旧市街は建物の保存状態ではなく、人間の行いに価値があると認められた、初めての世界遺産となったのだ。

第Ⅳ章　祈りの奇跡

涙を流したキリスト像～ヴィースの巡礼聖堂（ドイツ）～

〈09年4月　シリーズ世界遺産１００〉

ドイツの小さな村で、うち捨てられていたキリスト像とひとりの農婦が、巡礼者が押し寄せるほどの「奇跡」を生んでいく……。そこにはいったい、どんな物語がひそんでいるのだろうか。

ことのはじまりは18世紀に遡《さかのぼ》る。１７３０年、オーストリア国境に近い、ドイツのアルプス山麓《さんろく》の村「ヴィース」の隣町の修道士が、木の彫刻を作った。

それは「鞭打《むちう》たれるキリスト」の姿を彫ったものだった。しかし、鎖やロープにつながれ、傷口からは血を滲《にじ》ませる痛々しいキリストを見た信者たちは、みな目を背けてしまった。聖金曜日の行列のために造られたキリスト像は、あまりにむごいと旅籠《はたご》の屋根裏にしまい込まれたままになっていた。

それから数年が経ち、マリア・ローリーというヴィース村の一人の農婦がこの像を見つ

うっすらと涙の跡が見える

け、「このままではキリスト像に申し訳ない」と自分の家に持ち帰り、寝室に安置した。そして、毎日、このキリスト像に祈りを捧《ささ》げた。

1738年6月14日のことだった。このキリスト像の頬に一筋の涙が流れはじめたのだという。それは、マリアの家族全員が目にした出来事だった。屋根裏に放置されてから4年後、キリスト像はマリア・ローリーの温かい心に打たれて涙を流したのだろうか。

このことは村中にすぐに知れ渡り、村人たちは皆マリアの家を訪ね、キリスト像に祈りを捧げるようになる。噂は各地に広まり、だんだんと巡礼者までが訪れるようになり、とても自宅では入りきらなくなってしまった。

「奇跡」が起きてから2年後には、自宅の隣に小さな礼拝堂と、キリスト像を収める木造の建物が建てられた。

巡礼者の数はさらに増え続け、「奇跡」が起きてから16年後の1754年には、ドイツ人建築家により、ロココ様式の華麗な聖堂が建てられた。正式名称は「鞭打たれる救世主(イエス)の巡礼教会」。キリスト像のための祭壇もでき、そこに安置されている。そのキリスト像の頭上には、ペリカンの像が置かれている。ペリカンの母親は、餌がない時には胸を裂いて自らの血で雛《ひな》を育てると言われ、人々を救うために十字架で血を流したイエス・キリストの象徴とされているからだ。

聖堂のゲオルグ・キルヒマイヤー神父は、キリスト像の涙について語る。

「鞭打たれるキリスト像が、突如、その目に涙を浮かべたのです。救世主が涙を流すということは、私たちへのとても意味深いメッセージなのです。聖書の中でもイエスは何度も涙を流した、という記述があるのです」

キリスト像が本当に涙を流したのか……。当時、マリア・ローリーは教会から証人喚問を受け、その調書が今もヴィースに残されている。さきほどのキルヒマイヤー神父が私たちのインタビューに次のように答えている。

「調査もされ、私は真実であったと信じています。マリア・ローリーが涙の奇跡を信じ、キリスト像を崇拝し続けたことに尊敬の念を抱いています。彼女は、この聖堂の創設者といえるのです」

アルプスを望む田園地帯に建つ、この瀟洒《しょうしゃ》な聖堂を訪れる巡礼者や観光客は「奇跡」から300年近く経った今でも、後を絶たない。そのうちの一人はこう話した。

「涙の伝説はこの土地に住む人々の間に広まり、信仰されました。そのことを、同じキリスト教徒として誇りに思います。将来の世代も誇りに思うはずです」

かつては、血に染まり惨《むご》すぎると人々から遠ざけられたキリスト像は世界遺産となり、いまや多くの人々の信仰の対象となっている。一人の農婦の優しい行為と祈り続ける力が、敬虔《けいけん》なカトリック教徒の心の中にも、奇跡を信じる力を生んだのだろう。

〈06年12月　探検ロマン世界遺産〉

修道士は網の中〜メテオラ（ギリシャ）〜

髭《ひげ》をたくわえ、黒い衣服をまとった初老の修道士が網（ネット）の中に入り地面に座る。その網には縄が結び付けられていて、修道士が上に向かって合図を送ると、網ごと宙に浮いていく。岩の上では3人がかりで巻き上げ機を回し、網の中の修道士を吊《つ》り上げていく。修道士はゆらゆらと揺れながらも、どんどんと上にのぼっていく。

90年ほど前に撮られたという白黒のこの映像を見た時には、おおいに衝撃を受けた。まずは、これはいったい何なのだ……？　という驚きだ。数百メートルはある岩の上に、小さな網と細い縄で人間を吊り上げて運んでいる。落ちれば、おそらく即死だろう。サーカスまがいのこんなことがどうして行われていたのだろうか。誰もが不思議に思う映像だ。

ここは〝メテオラ〟。ギリシャ語で「宙に浮く」という意味の〝メテオロス〟からその名は来ている。首都のアテネから、北西におよそ260キロメートル。平原のなかに垂直に切り立った岩山が、いくつも屹立《きつりつ》している。そして、その岩山の上にはまるで貼り付くように修道院が建てられている。なかには円柱形の岩の上に、ぴったりのサイズで築かれたものもある。遠くから見ると、まるで高層ビル群の屋上に、修道院がのっているといった光景だ。しかし、岩山の真下に行くと、建物は全く見えなくなってしまう。14世紀から建築がはじまり、全盛期には24もの修道院があり、そのうちの六つでは、現在も修道士たちの、天空での祈りの生活が続いている。

さすがに現代では、岩山を削り頂上に上る階段ができているが、20世紀のはじめまでは、人間だけでなく食料や生活用品など、すべての荷物が網の中に入れられ、〝ブリゾニ〟という巻き上げ機で運び上げられていた。修道士たちが手で回し、岩の上に届くまでには30分もかかったという。ただひとつ、重すぎて下から運べなかったものがある。それは、水だ。修道士たちによって、1万2000リットルも入る大きな樽《たる》が作られ、雨水を流し込んで貴重な水を溜《た》めていた。現在でもブリゾニと水を溜めた樽が残されていて、岩の上での生活の苦労がしのばれる。一体なぜ、人々はこんな岩山に修道院を築いたのだろうか。

それは、メテオラの東230キロメートル、エーゲ海に臨むギリシャ正教の聖地アトスから話が始まる。14世紀のはじめ、東ヨーロッパに勢力を伸ばしていたイスラム教を信奉するオスマン帝国が、アトスのギリシャ正教最大の修道院を襲撃したのだ。修道士たちも武器を手に取って戦ったが、とてもかなう相手ではない。多くの修道士はアトスを離れ、けっして争いごとに巻き込まれない祈りの場を探し求めた。そのときに見つけたのが、岩山が連なる不毛の地メテオラだった。岩山をよじ登り、縄梯子《なわばしご》をかけ、40年の歳月の末に修道院は築かれた。断崖《だんがい》の上の修道院は、外敵の攻撃から自分たちの祈りの場を守るために生まれたものだったのだ。

一方で、こんなことがとある書物に書かれているという。「メテオラを開いたのは〝聖アタナシオス〟。1340年頃にメテオラに来て、数年はひとりで祈りを捧げていた。その後に14人の修道士がやってきた」と。断崖の上は敵の侵入を防ぐことができるが、同時に俗世間から離れることで神に近づくことができる。現代の修道士もこう語る。

「確かにメテオラは大変なところです。しかし、修道院とは祈りを通して自らを高める場所です。困難な暮らしだからこそ、雑念に悩まされず祈りに集中できるのです」

広さおよそ6平方キロメートルのメテオラは、その奇岩の大地を生んだ自然環境と、その頂に建てられたギリシャ正教の修道院とがひとつになった「複合遺産」だ。岩肌に目を凝らしてみると、豆粒のように人影が見える。ここは上級者でも簡単には登れない、ロッククライミングの場でもある。

番組の取材チームは、アギオス・ステファノス修道院の内部の撮影をはじめて許された。ここは女子修道院で31人が暮らしており、その中のひとりニコディミさんが案内してくれた。聖堂の内部はギリシャ正教特有の作りになっている。中世に、ローマ・カトリックとは異なる発展を遂げたギリシャ正教では、彫像などの立体的な表現が禁じられている。壁面を埋め尽くすのは「イコン」と呼ばれる、イエス・キリストやマリア、そして殉教者などの姿を描いた、カラフルな絵画だ。

聖堂の中で、訪れた人々が熱心にキスをしているものがある。この修道院で最も大切な賜物《たまもの》、聖人ハラランボスの聖なる頭蓋骨《ずがいこつ》だ。聖人ハラランボスは、あらゆる拷問に耐えて信仰を貫き殉教した2世紀のキリスト教徒だ。「聖人」とは信仰に生涯を捧げた人たちで、その亡骸《なきがら》には目に見えない聖なる力が宿ると信じられている。人間でありながら、神に近い存在として、世界に1億８０００万人を数えるといわれる正教徒たちを惹《ひ》きつけているのだ。

メテオラには、年間およそ300万人の人たちが訪れる。そのうち97パーセントが正教徒のギリシャ人は入場無料。

聖堂で熱心に祈りを捧げている人が多い。訪ねてくる人々を温かくもてなすのも修道女たちの務めだ。ニコディミさんが取材チームを応接室に案内してくれた。部屋の隅に簡素なソファーが並べられた静かな部屋で、修道女がつくった小さな茶菓子付きでコーヒーが運ばれてきた。修道院は、家庭や仕事の悩みを抱えた人たちが相談に訪れ、ニコディミさんたちは、先人たちの生き方や聖書の言葉をもとに、共に解決の道を探るという。

「私たち修道女は人が大好きで、とても愛しています。誠心誠意おもてなしをして、人々の悩みと向き合います。私たちは神を愛しています。と同時に、神が愛する人間も深く愛しているのです」

ニコディミさんは大学で歴史学を学んだあと、25歳でラシャと呼ばれる黒いワンピースのような服に身を包み、修道女としての新たな人生を始めた。眼鏡が似合う理知的な女性で取材を受けてくれた時は37歳になっていた。「結婚して子供を産み育てていく生き方もわかります。ただ、自分は結婚しないで神に仕え、自らの一生をかけて神に近づく生き方を選んだのです」と素直に語る。

ニコディミさんたち修道女は毎朝4時半に起床し、3時間半、祈りを捧げる。それは神と向き合い、語ることだという。朝食の後はそれぞれの担務につく。聖歌の練習はギリシャ正教では古い伝統にのっとり、楽器を一切使わずに肉声だけで歌い上げる。とても純粋で清々《すがすが》しい。また、修道女自らが筆をとり、イコンを制作する。1日4時間、祈りを唱えながらイコンを描く。これがまた玄人はだしの技量だ。それぞれの仕事が終わると、午後5時から祈りを2時間ほど捧げる。

修道女の中には、大学で音楽を専攻して宗教音楽を学ぼうとしている人や、イコンの制作を通して美術の専門性を高めようとしている人もいる。「なにか俗世間でうまくいかず、世をはかなんで修道院に入ってくる」といった私の先入観は、かなり古いイメージのようだ。みんな素直で明るく、すすんで修道女になったように見える。ニコディミさんは、修道女という生き方を選んだことについてこう語っている。

「神への祈りを捧げ、自分を高めていく日々は楽しいものです。そして人々を愛し、助けることは深い喜びを与えてくれます。私にとっては、この生き方が一番ふさわしいと思っています」

14世紀から苦労の末に岩山の頂に修道院を築き、祈りの場は確保できた。ただ、16世紀から19世紀にかけては、この地はオスマントルコの支配を受けることになり、修道院にも重税がかけられた。最盛期には24あった修道院は合併統合を余儀なくされていく。

しかし、メテオラに悲劇が訪れるのは、むしろ20世紀に入ってからだ。第二次世界大戦では、ナチスドイツがギリシャ北部より侵入し、メテオラの麓《ふもと》の町カランバカはほぼ壊滅した。岩山にも鉤十字《かぎじゅうじ》のナチスの旗が掲げられた映像が残っている。さらにその後のギリシャの内戦では反政府ゲリラにとって断崖の上の修道院は、立て籠《こ》もりの格好の場となった。その時の傷跡が、アギオス・ステファノス修道院の聖堂に残っている。イコンの顔が無残にも意図的に切り取られているのだ。

「イコンの傷はそのまま残します。人々の争いの舞台となった悲しい出来事を忘れないためです。なぜなら、こうした破壊も修道院の歴史の一部であり、二度と繰り返してはならないからです」とニコディミさんは語る。

天空の地に祈りの場を築き、網の中に入って地上と行き来した修道士たち。600年以上経った今も、メテオラにはその苦難の歴史を引き継いで祈り続ける人々がいる。

ニコディミさんは、最後にこんなことを語ってくれた。

「偉大な聖人の一人は、こんな言葉を残しています。『心に平和があるならば、世界を平和にすることができるだろう』。問題なのは人の心なのです。心に平和がなければ、どんな手段も意味がありません。あなたの心には平和がありますか？　それがなければ社会にも平和はないのです」

どんな時代にも通じる、大切な言葉だ。

地底都市の十字架～カッパドキア（トルコ）～

〈05年7月　探検ロマン世界遺産〉

まるでキノコのような奇妙な形をした大きな岩が、一面に広がっている。地元の人たちはそれを「妖精《ようせい》の煙突」と呼んできた。確かにちょっとコミカルで夢の国のような光景だ。そのネーミングも頷《うなず》ける。気球に乗って見てみると、真っ白な谷間もあり、夕日を浴びるとピンク色に染まることから「薔薇《ばら》の谷」とも名付けられている。ここが〝カッパドキア〟。総面積は２５００平方キロメートル、東京都がすっぽりと入る広さに、奇岩怪石が密集している。トルコの首都イスタンブールから東へ700キロメートルの地で、周囲にはハッサン山やエルジェイス山といった3000メートル級の火山がそびえている。今から数千万年前の火山活動により、この奇岩群が生まれたという。カッパドキアもメテオラと同じように、自然が生み出した絶景と人類が培ってきた文化とが一緒になった「複合遺産」なのだ。

この奇岩はメテオラのような高山ではなく、大きくても高さ20メートルほどで、岩山の中には至る所に横穴が開いていて、とても自然にできたものとは思えない。窓のような四角い穴もあり、これは確かに人が住むために開けたものだ。現在も暮らしている家を訪ねてみると、家の中は巧みに岩を掘って作られていた。台所の調味料棚は壺《つぼ》や瓶の大きさに合わせて削られている。竈《かまど》もぴったりと鍋《なべ》が入る大きさに作られている。カッパドキアの凝灰岩は軟らかくて削りやすいため、人々は昔から横穴をくり貫いて暮らしてきたのだ。家族が増えたときに拡張するのも、そう大変なことではないらしい。

アタイさん一家は先祖代々200年以上にわたって、この家で暮らしてきた。絨毯《じゅうたん》やソファーも揃い、一見するとまったく普通の住居だ。「冬は少し寒いですが、夏は涼しくて快適です。岩の中はとっても暮らしやすいですよ」と奥さんは話す。

１９６５年、今から半世紀ほど前に、ここカッパドキアのデリンクユ村で大きな発見があった。横に掘られた住居ではなく、地下に向かって掘り進められた住居跡が見つかったのだ。扉を開けて入ったところは村人が生活物資を保存していた地下室だったが、さらに奥は崩れ落ちていて、そこに何があるのかはわからなかった。ところがトルコ政府による本格的な発掘調査によって、地下８階にも及ぶ大地底都市が築かれていたことが明らかになったのだ。

現在では遺跡を保護するために、入口には頑丈な門が設置されている。取材チームがそこを開けて入っていくと、とてもひんやりとした。地下へと続く通路は人一人がようやく通れる幅しかなく、その先は、まるで蟻の巣のように通路が張り巡らされている。十畳ほどの広さがある空間に出ると、壁の至る所に小さな穴が開いている。この穴に縄を通して家畜を繋《つな》いでいたのだと考えられている。いわゆる家畜小屋だ。搾った乳でチーズやヨーグルトが作られていたのだろう。別の通路を辿《たど》っていくと、なんとワインセラーに出た。ブドウを踏み潰《つぶ》し、そのブドウ液が下に流れ落ちて穴に溜まるような仕掛けになっている。その隣はワインを寝かせておく甕《かめ》の形に合わせて岩が掘られていて、ワインの貯蔵庫だ。さらに天井が真っ黒に煤《すす》けているところがあり、ここでは竈で火をおこして煮炊きをしていたと考えられる。何人もの人が並んで座れるように長椅子状に掘られた場所もあり、こちらは台所兼食堂といった趣だ。

しかし、地下で煮炊きをして、煙が充満して酸素不足にならなかったのだろうかと考えてしまうが、そのための通気孔まで掘られている。その長さは80メートルもあり、地下8階から地上へとつながり空気が循環する仕組みになっている。さらにこの通気孔は地下水を各階に汲《く》み上げる井戸の役割を果たしているというから、すごい。

地下2階までは、食堂、居間、寝室などの部屋が並び、生活の場と物資の貯蔵庫として使われていたことがわかる。それではいったいどんな人々が、なぜこの迷宮のような地下に潜ったのだろうか?

まず考えられることは、何かから「逃れた」、または「潜伏した」ということだ。最も有力な説は1世紀頃にローマ帝国によって弾圧を受けたキリスト教徒の一部が、新天地を求めてカッパドキア一帯に移り住んだ。その人々が、ササン朝ペルシャやイスラム教国が勢力を強めた6世紀中頃から8世紀にかけて、それら異教徒の攻撃から逃れるために地底都市を築いたのではないかというものだ。その根拠はカッパドキアの断崖にいくつも残された、キリスト教の聖堂だ。壁面には十字架に磔《はりつけ》にされたイエス・キリストの姿があり、天井一面にはキリストの血であるワインを表すブドウが描かれている。

現代ではトルコ人の99パーセントはイスラム教徒で、カッパドキア周辺でも1日に5回、コーランの祈りの声が響いている。しかしかつて、ここにはキリスト教徒たちの祈りの場だったというのだ。

地下8階まである地底都市の3階と5階とを繋ぐ通路の途中に、とても興味深い石の扉がある。厚さ60センチメートル、直径180センチメートルで円盤状に加工されており、重さは500キログラムもある。この石を転がして通路を閉じてしまうと、滅多なことでは外からは開けられない。円盤の真ん中には丸い小さな穴が開けられており、敵の様子を窺《うかが》うためか、中から敵に向かって矢を放つためではないかと想像できる。

この地底都市の奥には、さらに私たちの想像を超える世界が広がっていた。

下に行けば行くほど通路は狭まり、地下7階に下りる階段は極めて急勾配《きゅうこうばい》だ。気温もどんどん下がり、指先がかじかんでくる。辿り着いたのは地下80メートルほどの深さの場所で、ガランとした空洞のような部屋だった。その細長い部屋を先に進むと、同じ幅のやはりガランとした部屋が横切っている。この部屋はなんと十字架の形をしているのだ。ここには、100人ほどが集まることができる。異教徒の攻撃から逃れ、誰にも邪魔されることなく祈りを捧げるための聖堂だったのだ。

地下8階建て、家畜を飼ってワインを醸造し、煮炊きをして家族が暮らす。80メートルの通気孔兼井戸を備え、最も地底のこの空間には十字架をかたどった聖堂が造られた。この地底都市は最大1万人を収容できるという。戦乱や危険がある時だけの避難所としては、あまりにすべてが完備されている。恒久的な生活の場だったと考える方が自然なのではないだろうか。

ただ、この地底都市には三つの謎がある。まず一つ目は岩を掘り進めて築いたにしては、その残土がどこにも見当たらないのだ。通路を張り巡らせた地下8階建てなのだから、かなり大量の土になるはずだ。二つ目は、トイレらしきものがまったく見当たらないことである。狭い通路の地下空間で、いちいち地上に出て用を足すのは現実的ではない。壺のようなものに溜めておいたというのも衛生上、考えにくい。三つ目の謎は、食器や家具などの人々の生活用品や、遺骨などが見つかっていないということだ。

これらの謎はいまだに解けていない。そのうえ、このような地底深くにキリスト教徒たちが潜伏した理由として、もう一つの説が浮上している。考古学者のハリス・イエニブナル氏によると、カッパドキアで最も大きな岩窟《がんくつ》聖堂に描かれている「聖人バシレイオス」の教えに従ったのだ、という見方だ。

バシレイオスはカッパドキアに生まれ、4世紀にキリスト教徒に新しい修道のあり方を説き、大きな影響を与えたと言われている。その教えとは「祈りは人里を離れ、静寂に包まれたところでおこなうこと。そして、同じ志を持つ者同士が、隣人愛を育《はぐく》むために共同で生活を送ること」というものだった。カッパドキアの地底都市が、この教えにぴったりの場所だということはすぐにわかるだろう。

いずれにしても、前項で紹介した〝メテオラ〟は岩山の天空、カッパドキアは祈りの場は地下深くと、真逆を向いているが、異教徒から逃れて静寂の場を求めたところは同じである。そして、カッパドキアのキリスト教徒たちはメテオラと同じ、ギリシャ正教徒だったと考えられている。

さきほどの異教徒支配から時代を下った11世紀。カッパドキアのキリスト教徒は大きな転機を迎える。またもイスラム教を信仰するトルコ民族が攻め込み、ついにカッパドキア一帯はイスラム勢力が支配する土地となったのだ。キリスト教徒たちはどんな運命を辿ったのか。

前述の考古学者ハリス・イエニブナル氏にその手がかりとなる場所に案内してもらった。切り立った崖《がけ》の上に、岩を削って造られたキリスト教の聖堂がある。聖ゲオルギオス聖堂だ。ここにはとても興味深い壁画がある。十字架を持つ聖人ゲオルギオスの両脇に、この聖堂を寄進した夫婦が並んでいる。ところがキリスト教徒であるはずの夫が、イスラムの装いであるターバンを頭に巻いているのだ。碑文によれば、この聖堂が建てられたのは13世紀のことで、イスラムの支配が揺るぎないものになっていた時代。イエニブナル氏は「この壁画にはキリスト教を信仰することを認めたトルコ民族に対する、キリスト教徒の感謝の意味が込められている」と考えている。

「トルコ民族は、キリスト教徒に信仰の自由を認めました。そうした方が支配するにも容易だったのです。もちろん、それが平和的でもあります。そして、トルコ民族のもとでキリスト教の文化は大きく花開いていくのです」

11世紀から13世紀にかけて、カッパドキアの岩山には、100を超えるキリスト教の聖堂が築かれている。いずれもイスラムの支配下で生み出されたのだ。その中の最高傑作が「カランルク・キリセ（暗闇教会）」だ。天井から壁までを埋め尽くすようにイエス・キリストの生涯や、最後の晩餐《ばんさん》などが描かれている。どれも極彩色のフレスコ画だ。岩に囲まれて太陽光が遮られていたから、良い状態のまま保存されたと言われている。この色鮮やかで精緻《せいち》な絵を見ていると、メテオラのイコンを思い出した。

この頃になると、もはやキリスト教徒たちは地下に潜伏して信仰を守る必要がなくなったと思われる。いつしか地底都市の存在は忘れられ、20世紀になって発見されるまで、永い眠りについていたのだ。

その同じ20世紀、カッパドキアのキリスト教徒にまた大きな転機が訪れた。トルコ共和国が成立し、スイスのローザンヌで条約が締結、なんとトルコに住むキリスト教徒とギリシャに住むイスラム教徒との「住民交換」が行われたのだ。

１９２４年、およそ１４０万人のキリスト教徒が強制的にトルコからギリシャへと移住させられた。その時の映像が残っているが、まるで着の身着のままの、難民が列をなして歩いているようだ。もちろん、カッパドキアのキリスト教徒たちも、先祖代々１０００年以上守り続けてきた祈りの地を去って行った。ある村では、自分の荷物をイスラム教徒に預けて旅立ったキリスト教徒がいたが、二度と戻ってくることはなかった。この時に、カッパドキアのキリスト教文化は終わりを迎えたのだ。
ところが、それから80年後の２００１年、カッパドキアの教会に再び讃美歌《さんびか》が響いた。集った人々は、住民交換によってカッパドキアを離れ、ギリシャに渡った人々の子孫だった。21世紀を迎え、かつては共に暮らしたキリスト教徒を、地元のイスラム教徒たちが招いたのだ。かつて隣人同士だったイスラム教徒とキリスト教徒が抱き合う姿が印象的だ。それから毎年、カッパドキアにはギリシャからキリスト教徒が訪れ、ミサが開かれているという。

地球が生み出した類《たぐい》まれな風景に、キリスト教徒が刻み込んできた祈りの証《あかし》。そして今、イスラム教徒とキリスト教徒の交流。これほどに密度の濃い世界遺産は、そうない。

10万人の巡礼者～ラリベラの岩窟教会群（エチオピア）～

〈08年2月　探検ロマン世界遺産〉

切り立つ断崖の大地に、幾筋にも人の列ができる。布袋を背負い、木の棒を杖《つえ》がわりに持ち、なかには靴も履かずに裸足《はだし》で歩き続けてきた人々もいる、そんな列だ。５００～１０００キロメートル遠方の各地から来た人々の列はやがてひとつになり、標高２６００メートルの聖地ラリベラを目指す。

エチオピア高原といっても、緑は見えない。鋭い刃物で、今まさに削り出したばかりのような荒々しい大地だ。取材チームが歩いている巡礼者に声をかけると、「5日から6日かけて歩いて行きます。車で行くのではダメなんです。一歩一歩、歩いて行くからこそ天国に行けるのです」と言う。

エチオピアの暦では、1月7日がキリスト生誕の日、クリスマスなのだ。その日を聖地で祝うために、信徒たちはひたすら歩く。ラリベラまで１７０キロメートルの村に立ち寄り、この日まさに巡礼に旅立つ人に会った。農業を営むファンテ・ヌグセさん65歳。ラリベラには初めての巡礼だという。ファンテさんは、農業一筋で10人の子供を育てあげ、末の子が成人したのを機に、念願の巡礼に出ることにしたという。「ラリベラでは、私の家族が今まで何とか無事に暮らしてこられたことを神に感謝したいです。そして死んだ後に私の魂が天国に行けるように祈りたいです」と語る。

妻のエザブさんは重い胃の病気を患っていて、一緒に行くことができない。義理の母で70歳になるラウシュさんを伴っての旅になる。ラウシュさんにとっては、高齢であきらめかけていた巡礼だという。「途中できつくなったら荷物を持ってあげるって、ファンテが言ってくれたのです。だから彼を信じて旅立つことにしました」と嬉《うれ》しそうだ。妻のエザブさんは、二人のために往復2週間分の食料を準備する。いよいよ出発、食料だけでなく炊事道具などもすべて担いでいく。携える現金は、教会に寄進する分だけだが、それも大事な家畜を売って工面したのだという。野宿しながらの6日間歩き通しの旅のわりには、軽装で荷物もそう多くない。

毎年10万人の巡礼者が集うラリベラの町は、標高2600メートル、聖地である教会群は、街の南にある。12世紀に岩を穿《うが》ち、掘りぬいて11もの教会が建てられた。

際立つのは、およそ800年前に建てられた聖ギヨルギス教会の十字架だ。縦横12メートルの十字の形に自然の一枚岩を掘り下げ、教会が地面に埋め込まれているように見える。ビルの3階くらいの高さがあり、壁には一彫り、一彫り、ノミで削った跡が荒々しく残っている。地上の高さの屋根には、十字架が三重に刻まれており、天に向かって「ここに祈りの場あり」と示しているかのようだ。

聖ギヨルギス教会の十字架

ラリベラも、岩が軟らかく彫り易い凝灰岩の大地だという点で、前項のカッパドキアと共通している。しかし、カッパドキアが地下深くに十字架の形の部屋を作ったのに対して、こちらラリベラは何も隠すことなく、キリスト教徒の存在を明らかにしていることが対照的だ。エチオピアは、アフリカ随一のキリスト教国で、国民のおよそ半数がキリスト教信者なのだ。

聖ギヨルギス教会を建てる作業がどれほどの規模であったのかを物語る証が、教会の傍らに残されている。切り出された岩が積み重ねられて小山のようになっている。数千人もの人々がここに集って、岩を削り、それを山積みにしていったのだという。地底都市を築いた時の残土が、まったく見当たらないカッパドキアと、この点でも好対照だ。

世界遺産に登録されているラリベラの教会群は、およそ400メートル四方のなかに全部で11あり、すべてが岩をくり貫いて作られている。それぞれの教会は地下通路でつながっているが、その深さは10メートルに達するところもあり、両側の岩に押しつぶされそうな圧迫感を覚える。クリスマスの夜に、何万人もの巡礼者が訪れる聖マルヤム教会は、聖母マリアを称《たた》えて築かれた。天井には、色鮮やかな装飾が施されているが、こうした浮き彫りも岩を削って作られている。人々を暗闇の恐怖から救う太陽も描かれているが、これはイエス・キリストの象徴だといわれる。

岩を掘り下げた地下通路だけではなく、地下トンネルでつながれた教会もある。暗闇は地獄の象徴であり、信徒たちが最も恐れる場所だ。ところがそのトンネルを抜けると、一転して明るくなり、十字架が彫り抜かれている建物が目に入る。ここマルコレウォス教会は「天国の教会」と呼ばれている。

ところで、そもそもなぜ人々は岩を掘り下げて教会を築いたのだろうか。

教会で50年以上も司祭を務めてきた「ラリベラの生き字引」、アルバチョ・レタさんは

「かつてこの地を治めていた国王が、キリストの命令に従って教会を造ったのだ」と話す。

その国王の名はラリベラ王。12～13世紀にかけて、この地を治めていた。

伝説によると、敬虔なキリスト教徒だったラリベラ王は、天国に行く夢を見る。その夢の中に現れたのがイエス・キリスト。ここで見たものと同じものを造れと命じた。ラリベラ王は、夢で見た教会群をラリベラに再現することに乗り出す。夢の再現にあたり、王は聖地エルサレムを意識したと考えられている。教会群のひとつを、キリストが磔になったエルサレムの丘の名前である「ゴルゴタ教会」と名付けた。この教会の壁には磔にされたキリストを見ていたとされる、ペトロやヨハネなど弟子たちも描かれている。さらに王は、教会だけでなく、ベツレヘムの馬小屋や雨水を集めた「ヨルダン川」まで再現している。

アルバチョ・レタさんは、伝説の後半をこう締めくくってくれた。

「教会ができあがると、キリストはふたたび夢の中で王の前に現れました。そして約束したのです。ラリベラはエルサレムと同じと見なす、と。ラリベラへの巡礼もエルサレムに来たのと同じだけの価値があるという約束なのです」

ラリベラの聖救世主教会には毎週日曜日に、多くの人々が集まる。人々の目当てはラリベラ王が使っていたと伝えられる「黄金の十字架」だ。この十字架がかざされると人々が押し寄せてくる。十字架に触れると、病気が治ると信じられているからだ。人々は頭や顔をすり寄せたり、胸や背中を押しあてたりしている。エチオピアでは多くの村が無医村で、教会は人々にとって絶対的な心の拠《よ》り所《どころ》なのだ。

夢の中の、キリストと国王の約束から生まれた神秘の聖地ラリベラ。そこに、現実を生きる人々が願いを託し続けてきたのだ。

人々の信仰は、エチオピア特有の風土とも深く結びついている。国民のほとんどが農業に従事しており、雨季に降る雨が頼みの綱だが、一転その雨が牙《きば》をむく時がある。集中豪雨に見舞われると、作物や畑が押し流されてしまう。一方でほとんど雨が降らず干ばつも頻繁に起きる。１９８４年には干ばつによる飢餓で１００万人もの人々が命を落とした。そんな気まぐれな自然に翻弄《ほんろう》されてきた人々は、聖地を心の支えにしてきたのだった。

１月７日、エチオピアのクリスマスが近づくと、ラリベラに、長い道のりを歩いてきた巡礼者たちが集まってくる。聖地に着いても、巡礼者たちを受け入れる施設はない。人々は木陰を見つけて、地面に草を敷き薄い布をかけて寝床を作る。自分で薪《まき》を拾い集めて煮炊きをする。地面は巡礼者で埋め尽くされ、その間をぬうように村人たちが彼らに豆を配り、司祭は蜂の巣を取って蜂蜜《はちみつ》を配る。

「簡単には天国に行けません。大変なことはわかっています」

「ここまで来るのに20日かかっています。その道中も山あり、谷あり。それはもう大変でした」

「1週間、歩きました。でも足が痛くてこれ以上は無理です。見てください。爪がはがれてしまったんです」

「24年前にも来ました。今回で二回目です。あの時の喜びをもう一度味わいたくて来ました」

巡礼者たちが集う広場には、1週間だけ開かれる市が立つ。宗教画や十字架などが所せましと並んでいるが、もっとも目につくのが巡礼者が身にまとう白い布だ。白は汚れのない神聖な色とされ、布を新調してクリスマスを迎えようという人々が後を絶たない。

巡礼者の白い群れのなかに、旅立ちの日に出会ったファンテさんと義母を見つけた。農業に明け暮れ、10人の子供を育ててきた日々、「一生のうちに一度は」と夢見てきた聖地だ。二人は聖ギヨルギス教会に向かった。この日は聖なる灰、「聖灰」が配られる。教会でパンを焼いた時に出る灰のことで、病を治す不思議な力があるという。ファンテさんは胃を患っている妻のために、どうしてもこの灰を授かりたいと考えていた。祭壇の前で、ひとつまみ分の聖灰を授かり、白い布に大切に包んでいた。

ファンテさんたちは、教会のまわりを歩き始めた。6日間、厳しい道のりを歩いてきた二人は、司祭から十字架の祝福を受ける。そして、歩いている間、ほかの巡礼者たちと励まし合ってきたという歌を唄《うた》う。

ラリベラへの道は
神が柔らかい葉を敷いてくれた道
老いも若きもラリベラへ行けば
地獄の悪魔もさびしがる
天国に行けるように
よりよく生きなさい

そしていよいよ1月7日。キリストの生誕を祝うクリスマスの大祭は、夜を徹して行われる。巡礼者たちは、白い布を身にまとい、手にはロウソクを持ち、11の教会からは十字架が持ち出され人々を祝福する。

聖マルヤム教会の一角に、青々と水草が繁った池があった。そこに人々が集まっている。池のほとりには裸の女性が立ち、腰に紐《ひも》がつながれている。女性は静々と池の中に入っていき顔にも水をかけている。この水は聖なる水とされ、中に入れば子宝に恵まれると信じられている。聖母マリアがキリストを産んだ、クリスマスにだけ起きる奇跡だという。

夜7時過ぎ、聖歌の合唱が始まる。歌いながら体を揺らし、太鼓や鈴を奏でるのは教会の司祭たちだ。午前0時、人々の手にロウソクの火が灯《とも》り、闇を照らす。ロウソクの火は、この世に光をもたらしたというキリストの象徴だ。どこからともなく「ララララララ」といった舌を震わせた悦《よろこ》びの声が満ち溢《あふ》れ、最高潮に達していく。巡礼者たちの手拍子と歌と踊りが繰り広げられ、朝日が昇るまで祭りは続く。

エチオピアでは、切り立った断崖に守られるように、キリスト教が伝わった時代の姿が残されているといわれる。司祭たちが太鼓をたたきながら踊っているのも、そのひとつだ。聖書にもこんな一節がある。「太鼓に合わせて踊りながら神を賛美せよ。弦をかき鳴らし笛を吹いて神を賛美せよ」。

祈りを終えたファンテさんと義母は、その日のうちに帰路に就いた。

「神に祈り、身も心も満たされました。これ以上の幸せはありません。今日からは私にとって新しい人生が始まります。嬉しいです」

切り立った断崖に囲まれ、隔絶した大地には、何百年も変わらぬ「祈りの世界」が息づいている。

第V章　王者たちの愛と孤独

亡き妃のために～タージマハル（インド）～

〈05年　シリーズ世界遺産100〉

〝白亜の霊廟《れいびょう》〟を最初に目にした時のことは、鮮明な印象として私の脳裏にファイリングされている。

訪問する前日の夕方にその地域アーグラに入り、インド人のコーディネーターに、まず連れて行かれたのが、けたたましいほどの人の声と、狭い路地を我が物顔で歩き回る、いわゆる野良牛とで、むせかえるような雑踏の下町だった。そこにあるバックパッカーたちが泊まる安ホテルから、〝タージマハル〟が良く見えるのだという。

確かにその建物は、鉄筋コンクリート造りではあっても階段の手すりなどは錆《さ》びつき、トイレを使おうと思ったが、とてもその気になれないような汚れようで喧噪《けんそう》の下町にはぴったりの安ホテルだった。ところがすれ違う泊まり客は、透き通るように白い肌でブルーの瞳《ひとみ》の美女たち。ヨーロッパからのバックパッカーたちが軽やかな笑顔で走り去っていく。

いったいここはどんな場所なのか混乱してきそうだった。

そんなホテルの最上階に上り、テラスに出てみると、眼下に〝タージマハル〟が場違いの美しさをたたえて姿を現した。夕焼けにうっすらと染まり、淡いピンク色の霊廟は、下町の喧噪とはまったく異次元のものだった。俗世間にまみれることなく、気高くたたずんでいる。


翌朝、そのタージマハルを今度は一般の観光客と同じように、正面から訪れた。この日は真っ青な空に、くっきりと浮き立つような白亜の霊廟があった。周囲にはほかの建物など遮るものはまったくなく、舞台を独り占めするような存在感だった。

中央に、白大理石を積み上げた高さ58メートルのドームを構えた変形八角形の霊廟本体が建っている。左右対称にミナレットと呼ばれる細身の塔を四隅に従えている。その土台は、一辺およそ95メートルの大基壇だ。タージマハルは、四方どこから見ても同じ姿を見せ、白大理石の壁面には、繊細な象嵌《ぞうがん》が施されている。イスラム建築様式の美しさに圧倒され、しばし佇《たたず》み、ただただ呆然《ぼうぜん》と眺めていた。

イスラム建築というと、スペインのアルハンブラ宮殿を思い浮かべるが、あちらが柔らかな連続性の美しさだとすると、こちらタージマハルは、パキッとしたりりしさを感じた。このあくまでも美しい霊廟は、16世紀の初頭から19世紀後半まで、インドの大半を支配していた、ムガール帝国の第五代皇帝シャー・ジャハーン（在位1628年〜1658年）が王妃の死を悼んで建てたものだ。

1631年、シャー・ジャハーンは南インドに勢力を拡大しようと、デカン高原の街ブルハーンプルに出陣していた。王妃は皇帝の出陣に同行し、14人目の子供を出産する際に、産褥熱《さんじょくねつ》により、38歳の若さで命を落としたのだ。

NHKの大河ドラマなどを見ていると、殿の出陣に際して正室は「無事のお帰りをお待ち致します」と送り出し、自分は城を守る役目に就くのが常だ。私はなぜ王妃が戦に同行していたのかを探ろうとしたが、どの文献にもその理由は書かれていない。イスラム王朝ではそれが常識なのか、ヨーロッパでもよくあることなのかも判らない。むしろ、この戦に限らず、「常に同行していた」とか「子供を伴っていた」と書かれている文献が多い。女性や子供が戦地に赴いて何の役に立つのか。しかも出産時期にわざわざ衛生状態も悪く、危険な戦地になぜ？　と考えてしまうのだが、その疑問に答えてくれる資料にはついぞ出会えなかった。

話を本筋に戻そう。

シャー・ジャハーンが王妃のムスターズ・マハルの死を特に悼むのには理由がある。15歳の時に、城内で催されたバザールで宝飾品を売っていた彼女に、一目惚《ひとめぼ》れをしたというのだ。それから5年後に、二人はめでたく結婚している。ムスターズ・マハルとは「宮廷の選ばれし者」という意味で、嫁ぐときに先帝から授けられた名だという。彼女の父親はムガール帝国に仕えたペルシャ系高官であったが、いわゆる政略結婚ではなく、純愛で結ばれたのだと思われる。

王妃ムスターズ・マハルは、夫の遠征先がたとえ砂漠やガンジス川を渡る過酷な地だったとしても同行し、毎年のように子供を産んでは育てる良妻賢母ぶりを発揮している。そんな王妃を亡くした皇帝の悲しみは深く、髪はまたたく間に白髪となり、国民にも2年間の喪に服すように命じたという。

皇帝は世界各地から最高の資材と職人を集め、22年もの歳月をかけて霊廟を建てた。白大理石を彩る草花の連続模様は、サファイアや瑪瑙《めのう》、アメジストなどの高価な宝石で象嵌されている。ここまで心血を注いで霊廟を建てたのには、王妃への深い愛情のほかに、もうひとつ狙いがあった。住民のほとんどがヒンドゥー教徒のインドで、イスラム圏から進出してきたムガール帝国の威信を見せつけることだった。

ヒンドゥー教の世界には輪廻《りんね》転生の教えがあり、「死者は49日目に生まれ変わる」とされており、墓を建てる習慣がないのだ。眩《まばゆ》いばかりの白亜の霊廟は、人々の度肝を抜いたに違いない。


ところで、NHKには珍しい映像が残っている。

タージマハルの「泥パック作戦」だ。高度経済成長を続けているインドでは、工場から出る煤煙《ばいえん》で、真っ白な肌がすすけてしまった時期があった。それを元通りにしようと、インドでは昔から女性が肌の手入れに使っていた、毛穴の汚れも吸い取ってくれるというきめの細かい粘土を白大理石の壁に塗ったのだ。

その効果は……。1日ほどそのままにして泥を洗い流してみると、泥パックをしなかった部分との差は歴然としている。さすがに歴史があるインド。〝ムルタニ・ミッティ〟と呼ばれる秘伝の泥を使った美容法が、世界遺産の美しさにも一役買っていたという話だ。

これはインドが、タージマハルの白く輝くような白大理石を、いかに大切にしているかを表すエピソードでもある。私が訪れたときには、周辺の工場の煙突からはまったく煙が出ていなかった。もちろん、タージマハルの白大理石は、青空との対比のなかで眩いばかりに輝いていた。

白亜の霊廟タージマハルを築いた皇帝シャー・ジャハーンはデカン高原で領土を拡大し、ムガール帝国は安定期を迎えていた。インドにおけるイスラム文化も最盛期で、ヨーロッパでは彼のことを〝The Magnificent（壮麗な王）〟と称《たた》えていたという。ちょうど、フランスではルイ14世がベルサイユ宮殿を築いていた頃だ。

そんなシャー・ジャハーンだったが、最愛の妃《きさき》を失ったあとの生活は乱れていった。事実上の一夫一妻婚を貫いていた彼が、大勢の側室を持つようになり、家臣の妻とも関係を持ったといわれている。そんな生活が20年も続き、１６５７年に重い病を患う。回復の見込みがないという噂が広まり、４人の息子の間で帝位を巡る争いが起きる。彼は長男を後継者に指名していたが、最終的には三男のアウラングゼーブが勝利をおさめ、帝位を継ぐことになる。

そしてシャー・ジャハーンは三男に捕えられ、近くのアーグラ城に幽閉されてしまう。このアーグラ城の望楼からは、２キロメートル東のタージマハルを望むことができる。最愛の王妃が眠る手のひらに載るほどの小さなタージマハルを眺めながら、晩年を送ることになる。

シャー・ジャハーンは、タージマハルの前を流れるヤムナー川の対岸に、自らのために黒大理石の霊廟を建て、王妃が眠るタージマハルと回廊で結ぶ計画を立てていたといわれる。その場所は、私が訪れたときも更地のままで、息子に捕えられた皇帝の心中を想うと、なんとも虚《むな》しい風景だった。

アーグラ城で7年間を過ごし、74歳で死去したシャー・ジャハーンの棺《ひつぎ》は瑪瑙や翡翠《ひすい》で飾られ、周囲を透かし彫刻の大理石で囲った王妃の棺と並んで安置されている。政敵とはなったが、父の王妃への愛を知っていた息子の、せめてもの償いだったと私は思いたい。

空中宮殿に何を求めた～古代都市シーギリヤ（スリランカ）～

〈10年10月　世界遺産への招待状〉

スリランカ中央部の密林地帯に、ただひとつ突如として突き出た岩山がある。高さおよそ２００メートル、周囲は断崖《だんがい》絶壁だ。この山の頂におよそ１５００年前に宮殿が築かれていた。

人は誰しも高いところを目指す。現代の住宅地も高台が高級とされる。しかし密林のど真ん中にそびえたつ岩山に宮殿を建てるという王は滅多にいない。切り立った岩山の頂上に宮殿を築くには、大変な財力と労働力が必要だ。しかもそこで暮らすためには、１２５０段もある階段を毎日上り下りしなくてはならない。

〝シーギリヤ・ロック〟と呼ばれる高く険しい岩山に、なぜ王は宮殿を築いたのか……。

シーギリヤ・ロック

スリランカの王についての物語をパーリ語で詠んだ叙事詩『マハーワンサ（英Mahavamsa）』によると、岩山に宮殿を築いたその王はカッサパ（kasyapa）１世（在位４７７年～４９５年）だという。このカッサパ１世は、実は仏教の国スリランカでは、大きな罪を犯した王として語り継がれている。

５世紀後半、スリランカのシンハラ王朝で

は、カッサパの父親が偉大な王として民衆からの信頼も厚かった。カッサパは長男ではあったが、側室の子だった。父親からも「お前は王にはなれない」と告げられ、王位継承権は正室の子である弟にあった。そんな状況の中で、王に不満をもつ将軍がカッサパにつき、「今こそ剣をとるべきだ」とそそのかす。王位継承権を持つ弟がインドに出掛けている間に、軍の後ろ盾を得たカッサパはクーデターを起こす。父親である王を捕えて監禁し、遂には処刑してしまうのだ。

そんな顚末《てんまつ》がスリランカの映画「シーギリヤのカッサパ」（１９６６年製作）で描かれている。上半身裸で筋肉隆々とした男たちが剣を振るう活劇だ。映画にまでなるということは、カッサパの王位略奪はスリランカの歴史の中で、有名なエピソードだということだ。

考古学者でシーギリヤ博物館館長のコディトゥワクさんは、20年以上も発掘調査に携わってきたシーギリヤ研究の第一人者だ。カッサパが天空に宮殿を築いた理由をこう解説してくれる。

「父親を殺して王になったのです。これは決して許されることではありません。大変な罪を犯してしまったカッサパは、自分が地獄に堕《お》ちることを大変恐れていました。だからカッサパは、神になって天国と同じような生活をしようとしました。それで高いところに住んで、自分が天国の神であることを信じ込もうとしたのです」

　山頂の宮殿の遺跡を空から見ると、少し高い台地に建造物の跡が残り、平らな場所には池が見える。３・５ニーカーの頂上を、発掘調査に基づいてＣＧで再現してみると、石の土台の上には木造の建物が建てられ、一番高い塔（３階建て）が王が暮らす宮殿だったと思われる。一番高い場所には大きな玉座があり、人々が王に謁見するところだった。中央には大きな池が配され、華麗な宮殿だったことがしのばれる。

　シーギリヤ・ロックを登る１２５０段の階段を進んでいくと、山の中腹に大きなライオンの足が左右に構えている。ここが宮殿へとつながる入口で、かつては入口全体がライオンの顔になっていたと考えられている。その様子をＣＧで再現すると、大きく開けたライオンの口の中に呑《の》み込まれるように、人々が階段を上っていくような構造になっている。ライオンはスリランカでは気高さや偉大さを象徴する動物で、シンハラ王朝のシンボルでもあった。遠くから見ると、そんなライオンの上に宮殿があり、王の威厳を高める効果があったというわけだ。

　もうひとつ、この岩山の中腹には人々を魅了してやまないものがある。断崖にある自然のくぼみ、その岩肌に描かれている壁画だ。妖艶《ようえん》な仕草で神秘的な微笑みを浮かべる美女たちで、いずれもカラフルな髪飾りやペンダントを身に付けている。豊満な肉体をあらわにした半裸の姿もある。これらは〝シーギリヤ・レディー〟と呼ばれ、スリランカ美術の最高峰とも言われている。彼女たちはいったい何者で、どうして岩肌に描かれているのだろうか？

博物館長のコディトゥワクさんは「いろいろな説がありますが、彼女たちは雲に浮かんでいるように描かれていますよね。そんなことから、アプサラと呼ばれる天女だと思われます。現実の女性ではありません。天国に住んでいる女性たちを、カッサパ王は描かせたのです」と語る。

岩肌の凸凹を利用して、立体的になまめかしく描かれた天女たち。かつてこの岩壁は500体もの天女たちで埋め尽くされていて、麓《ふもと》からもよく見えたという。岩山の中腹に雲の中に遊ぶ天女たちがいるということは、そのさらに上に位置する宮殿はまさに天国で、カッサパ王は天国の神ということになる。

このシーギリヤ・レディーには手の込んだ仕掛けも施されている。天女たちが描かれた反対側の壁は〝ミラー・ウォール〟と呼ばれ、表面に蜂蜜《はちみつ》と卵白がたっぷりと塗りこまれ、まるで鏡のようになっていた。王がさらに上にある宮殿に向かう時には、そのミラー・ウォールに映る天女たちと自分が一体となって、天国に上っていく気分を高めたというのだ。

シーギリヤ・ロックだけが、カッサパ王の宮殿ではなかった。周囲の密林を発掘調査してみると、岩山の麓には壮大な庭園が造られていたことが判った。地下に水を集めて水路に流し、幾何学模様に池が配置されていた。庭園には高度な灌漑《かんがい》技術が使われており、アジア最古の庭園のひとつだといわれている。

コディトゥワク館長は、この水の庭園もカッサパ王が罪の意識から逃避するためのレジャーガーデンだったと推測する。最も大きな池は、王が多くの側室たちと泳いだり、水遊びをして戯れるためのものだったというのだ。

ところが、カッサパ王は天国の神となって罪の意識から逃れようという気持ちをもつとともに、正統な王位継承者である弟がいつ攻め込んでくるかもしれないという恐怖心とも闘わなければならなかった。

シーギリヤ・ロックの断崖の最上部には、見張り台が設けられ、24時間体制で兵士たちを警備に当たらせていた。ここは足場が悪く、ちょっと居眠りをしたりすれば一気に200メートル下に転落してしまいそうなところだ。実際に何人かの兵がここから転落して命を落としたといわれている。

さらにもうひとつ、山の中腹で巨大な岩が小さな石のくさびで支えられている。敵が宮殿に向かってきたら、そのくさびを外し、敵めがけて巨大な岩が落ちていくという、大がかりな仕掛けだ。さらに岩山を囲むように堀がめぐらされているが、そこには無数のワニが放たれ、敵の侵入を拒もうとしていたという。

カッサパは、弟が国を空けている間にクーデターを起こして王位を略奪した。弟が知らない土地で、しかも攻めにくい岩山に宮殿を構えた。弟は帰国することもできず、南インドに亡命するような形で身を潜めていたが、いつか反撃に転じてくることは想定していたに違いない。

しかし、インドから弟が大軍を引き連れて報復してきたのは、そう遠いことではなかった。断崖に設けた見張り台も、池に放したワニも、巨大な岩落としの仕掛けも功を奏さず、戦いは弟の一方的な勝利に終わった。カッサパは観念して自害したといわれる。スリランカの映画によると、自らの刀で首を切っている。

カッサパの時代は、わずか18年で幕を下ろした。主《あるじ》を失った宮殿はいつしか朽ち果て、麓の水の庭園は密林に埋もれていった。皮肉なことに、シーギリヤ・ロック周辺からは、涅槃仏《ねはんぶつ》や僧侶《そうりょ》の住いの跡が見つかっており、宮殿が築かれる前も、そして朽ち果てた後も、仏教の聖地だったことが判っている。僧侶たちが経をあげ、祈りを捧《ささ》げる場だったのだ。
まるでカッサパが犯した罪を、若き僧侶たちが代わりに清めようとしていたかのようだ。

悠久の時を経て、19世紀の後半にここを訪れたイギリス人が偶然にも岩壁に天女の姿を見つけたことで、伝説となっていたシーギリヤ・ロックの宮殿の存在が明らかになった。さらに20世紀に入ると、水の庭園も発掘される。しかし、依然として、カッサパが何を考えていたのかは謎に包まれた遺跡であることに変わりはない。

敬虔《けいけん》な仏教徒が多いスリランカでは、カッサパ王は大罪を犯した悪人として語り伝えられている。ただ私には、王になりたいという強欲と、父親を殺したという罪の意識、そして弟に復讐《ふくしゅう》されるという怯《おび》えの中で、悲しいまでにもがき苦しんだ人間だったように思える。そして、シーギリヤ・ロックの天空の宮殿は、そんな人間の性《さが》が色濃くにじみ出た、世にも稀《まれ》な興味深い遺跡なのだ。

朕は国家なり～ベルサイユ宮殿と庭園（フランス）～
〈12年1月　検索deゴー！　とっておき世界遺産〉

ベルサイユは、パリから南西に20キロメートル、かつては森に覆われた王族たちの狩猟の場だった。

そこに1661年からおよそ50年間をかけて、壮大な宮殿を造営したのが、太陽王ことルイ14世だ。当時は宰相が実権を握るのが当たり前の時代で、形ばかりの王だったが、17歳の時に「朕は国家なり」と宣言し周囲を驚かせたといわれる。そして23歳の時に宰相が死去すると、自ら国家を統治していった。絶対的な権力を示し、王制を確固たるものにするために取り組んだのが、ベルサイユ宮殿の建造だったのだ。

訪れた者を圧倒するのが「鏡の間」だ。全長73メートルで、357枚の大きな鏡で囲まれている。当時の鏡は、同じ大きさの名画に匹敵するほど高価なものだった。ここは式典や舞踏会などに使用されたが、もうひとつ大きな役割は外国からの賓客や使節をとおし、フランスの国威と勢いを示すための大回廊でもあったのだ。王は奥の玉座に鎮座し、賓客たちを迎えた。

鏡の間のすぐ隣には「ルイ14世の間」がある。ここは王の寝室だが、王がひとりだけの時間を過ごすのは眠っているときだけだった。朝8時過ぎに起きると「起床の儀」が始まる。ベッドの柵《さく》の前には100人もの臣下が集い、まずその日のカツラを選び、服に着替えた。簡単な朝食を済ませた後、9時半からはカツラを通常のものに替え、国の政務や催事を司《つかさど》る高官たちに指示を出した。そして鏡の間に一同が整列し、王室礼拝堂へ向かい、ミサ。11時からは朝の執務で、曜日によって財務、国務、宗務などとテーマを変えて諮問会議をおこなっていた。

王みずからが規則正しい生活を実行し、しかもそれを宮廷人たちだけでなく、一般の市民たちにも公開していたのだ。午後は庭園の散歩か狩猟に出掛けたが、これには一般の人々も出入りが許され、見学するための衣服も貸し出されていたというから面白い。庭は左右対称の幾何学的な模様が描かれ、宮殿の中でも王が最も気に入っていた場所だといわれる。なんといっても「王の庭園鑑賞法」という自筆のガイドブックが残されているのだ。その一部分をご紹介しよう。

「大理石の内庭の玄関から外に出て、テラスの方へ行こう。階段の上で立ち止まり、水の前庭を見渡そう」

「次にまっすぐ進みラトナの泉水の手前で一休みして、王の散歩道、アポロンの噴水、運河を見渡そう。そして振り返って宮殿を見よう」

一般の人々は、時によっては庭園を散歩する王の姿を目にすることができたはずだ。

規則正しい1日の生活の中で、メインイベントはなんといっても「グラン・クベール」と呼ばれる大食事会だ。夜10時という遅い時間に始まり、王のほかに王妃、官僚、王族たちが20人ほど食卓につく。王の後ろに守衛長、給仕長、医師が控え、テーブルの周りでは大勢の見物人が食事会を鑑賞していた。多くの人に見せる狙いは「旺盛《おうせい》な食欲と、人生を謳歌《おうか》しているスケールの大きさを国民に知らせることで、絶対的な支配力を示したかった」というのだ。王はほとんど手づかみで食事をし、手をふくためのナフキン係は大忙しだった。当時は既にイタリアからナイフやフォークは入っていたが、王は豪快さを示すために、それを使わなかったのだろう。メニューは28品目にも及んだが、そのすべてに王が手をつけたわけではない。

残ったものは、まず臣下たちに分け与える。そして、最後に残った料理は宮殿の近くの通りに屋台が並び、一般の人々に売られていたという。やはり太陽王ルイ14世はここでも国民を意識している。

ところで、王の旺盛な食欲を満たすために、「王の菜園」が造られ、それは今も現役のまま残っている。地味な存在だが、ここも世界遺産の一部だ。観光客はほとんど訪れず、緑に囲まれて静かなので、散策しても気持ちが良い。噴水を中心にして左右対称に四角に区切られ、美観にも気が配られている。ルイ14世が食べていた150種類に及ぶ野菜や果物はすべてここで作られていた。

王は、有能な造園家であったジャン・バティスト・ド・ラ・カンティニを雇い、5年の歳月をかけて菜園を造らせた。カンティニはこの菜園で独創的な試みをいくつか行っている。周囲を高くして風を避け、壁に蓄えられた太陽の熱を利用して、寒いベルサイユでは育たなかった、王の大好物イチジクの栽培に成功した。ルイ14世は周りがテラスのように高くなっているので、ここを歩きながら、庭師の仕事ぶりと野菜や果物の出来栄えを鑑賞することができた。周囲を高くしたことは一石二鳥の効果があったわけだ。

カンティニはさらに太陽の光が最大限に当たるように果樹の形を変え、色鮮やかで大きな果物を収穫できるようにした。特に梨に心血を注ぎ、300種類を食べ比べ、その中から70種を栽培、作り上げたのが「ボン・クレティアン」。歯ごたえが良く、甘い香りでルイ14世も好んだという。

このカンティニには1687年にルイ14世から貴族の称号が与えられている。さらに亡くなった時には、王は「この損失はあまりにも大きい」という言葉を残し、菜園の横には銅像が建てられている。太陽王ルイ14世から、その功績が認められた何よりの証拠だ。

常にみずからの姿を人々に晒《さら》し、アピールしてきた太陽王は、ダンスの名手でもあった。庭園の一角には野外舞踏会のための円形劇場があるが、ここでも王はヒールが高い靴を履き、真っ先に王妃とともに踊った。王が考えたステップが現在のバレエダンスのステップの基本の一つになっているという。大胆に振る舞う王は「太陽王」と呼ばれるにふさわしい人物だったが、自分の胸の内を後継者のためにこう書き表している。

「私の身体に選ばれたのは太陽だ。太陽には他の何よりも気品があり、彼を取り囲む輝きがある。そして太陽を取り囲む星と通信し合う光がある。それはこの宮廷のようなものだ(中略)。太陽と星の関係は離れもしないし、逆回転もしない。それは偉大なる君主の、最も美しいイメージだと思えるのだ」(ルイ14世の回想録『皇太子教育のための手引き』)

周囲から太陽王と名付けられたというよりは、自らを太陽王と定めているのだ。王と臣下との関係を太陽と星との関係にたとえ、自らが絶対的な存在であることを規定している。宮殿には、ルイ14世のために作られた「カラクリ時計」がある。王のシンボルである太陽が、３００年前と変わらずに現れる。この時計を見ていると、王が時間通りの規則正しい生活を送っていたのも、太陽と星たちが規則正しい周期で動いていることを見習ったのではないかと思えてくる。

国王在位中、63歳からのスペインとの闘いはドロ沼に陥ったが、統治の前半は戦争でも勝ち続けた。フランスをヨーロッパの一等国へと押し上げたルイ14世。同時に精魂込めて造り上げたベルサイユ宮殿と庭園は、その後の理想的な宮殿のモデルともなっていった。

１７１５年、76歳でこの世を去っているが、もし生きていれば本音のインタビューを試みたくなる、個性的で興味深い人物だ。

ベルサイユを超えろ～カゼルタ宮殿（イタリア）～

〈11年10月　世界遺産　時を刻む〉

ベルサイユ宮殿の庭園も、歩き疲れるほど広大だが、その広さにひけをとらない宮殿がある。ナポリの中心街から車でカゼルタの街に入ると、右側にひたすら壁が続く。角を曲がると今度はずっと鉄の柵が連なり、あわせておよそ20キロメートルの外壁が続いている。王宮前の庭は幅が４００メートル、奥行きは３キロメートル以上もある。総面積は１２０ヘクタール、芝生があるところだけでも、サッカーのピッチが７００以上も取れる。観光客たちはもっぱらバスで移動するが、地元の人たちにとっては良い運動場になっている。

１７８７年に訪れたドイツの文豪ゲーテは「広すぎて、ちょっと居心地が悪い」と言いながらも、「地形は抜群で、山の方までひろがっている」とその辛口を返上している。

ここは18世紀に築かれたカゼルタ宮殿。１７５２年に着工したのは、ナポリ王のカルロ７世だ。ヨーロッパの名門ブルボン家の血筋で、前項の主人公、太陽王ことルイ14世の曾《ひ》孫《まご》にあたるのだ。カルロ7世は、およそ100年前に曾祖父《そうそふ》が造ったベルサイユ宮殿を超えることを目指して、建造に取り組んだ。

正面に構えるのは巨大な王宮だ。床も柱もすべて大理石が使われている。当時の金額で600万デュカット、今の日本円にするとおよそ400億円を投じたバロック様式の建物だ。その現実離れした大きさから、ハリウッド映画「スター・ウォーズ」シリーズや「ミッション：インポッシブル」シリーズなどの撮影にも使われている。

カルロ7世がベルサイユを超えようという野望達成のために雇った建築家は〝ルイジ・バンビテッリ〟。ローマ教皇お抱えの建築家として、トレビの泉やサンピエトロ大聖堂の改修を手がけた大物だ。その頃、教皇が彼に支払っていた10倍以上の報酬を提示してヘッドハンティングしたという。そんな大建築家との二人三脚の大事業だ。

まずカゼルタがベルサイユを超えたのは、水源までの距離だ。ベルサイユも水がない土地で、10キロメートルも離れたパリのセーヌ川から水を引いている。ところがカゼルタは近くに水源を求めることができず、さらに20、30、遂に40キロメートルも離れたところから水を引いた。宮殿までの水路があまりにも長いので、勾配《こうばい》をつけすぎると流れる水量が多くなって溢《あふ》れてしまう。そこで1キロメートルで1メートル、10メートルにすればわずか1センチメートルという精密な勾配をつけることにした。この離れ業を現実のものにするために、バンビテッリは古代ローマの水道橋を徹底的に研究したという。第Ⅱ章で紹介したスペインのセゴビア水道橋も参考になっているのではないだろうか。

水源への長さという数学的なスケールではなく、私たち見るものを納得させてくれるのは、庭園には欠かせない水の利用の仕方だ。ベルサイユのルイ14世が噴水にこだわったのに対して、カゼルタのカルロ7世は、水を勢いよく落とす「滝」で対抗した。

映像的に最も目を引くのは〝グラン・カスカーダ〟、大滝と呼ばれるものだ。滝とはいっても幅の広い川が岩場を流れ落ち、40キロメートルもの距離を流れてきた水が、一気に庭園に注がれる。落差83メートルで人工の滝としては、当時ヨーロッパ最大のものだった。

バンビテッリは、この滝に彫刻を添える演出をしている。ギリシャ神話にちなんだ、顔がシカになった男が彫られている。女神・ダイアナが水浴びをしているのを覗《のぞ》いてしまった狩人《かりゅうど》が、シカに変えられてしまったというワンシーンだ。もともとバンビテッリは舞台演出家で、その演出力が際立っているのが〝風の滝〟、別名〝2つの顔をもつ滝〟だ。正面から見た限りは、細長い糸のような水が幾筋も流れ落ちている上品な滝だ。ところがその滝の向こう側には人が歩ける道があり、そこから見ると、優雅に流れ落ちる滝の向こうに王宮と庭園を眺めることができる。なんとも風情がある景観だ。カルロ7世はここを気に入り、外国からの使節や賓客をいつも連れてきたという。庭園の総責任者フランチェスコ・カネストリーニ博士はこう評する。

「バンビテッリの素晴らしいところは、依頼主であるカルロ7世の悦ぶ顔を見たくて造っているところなのです。シカになった狩人の彫刻は、狩りが大好きだったカルロ7世に合わせています。〝2つの顔をもつ滝〟の模型を見せられたカルロ7世は、それだけで感激してしまい、バンビテッリに特別ボーナスを出したという記録さえ残っています。依頼主の心をしっかりと摑《つか》んでいたのです」

もうひとつ、水に関して王の望みを叶《かな》えたのが、40キロメートルも離れた水源に取り付けられたハンドルだ。このハンドルを回すと、なんと水が宮殿とは反対の方向に勢いよく流れだす。その方向にあるのは、山の麓のごく普通の村である。水汲《みずく》み場があり、村人たちが農業用水に使ったり、洗濯ができるように、水を供給していたのだ。カゼルタ宮殿の水道技術責任者であるレオナルド・アンコーナさんは説明する。

「王は宮殿にいたる40キロメートルの水路のあちこちでも、このように水を分けることができるようにしていました。このおかげで、カゼルタ一帯は南イタリアでも一番の農業地帯になったのですよ」

強い日差しの土地にもたらされた王からの水。農地では、リンゴやイチジクなどの果物がたわわに実るようになった。大量の水を使用する庭園を造りながら、豊かな農地を生みだす。このことはカルロ7世が曾祖父であるルイ14世を大きく超えたところだといえる。王は積極的に新しい野菜を植えさせ、南米からやってきたトマトをイタリア全土に広めた。今ではイタリア料理の前菜に欠かせないカプレーゼを生みだしている。

そして何よりも、カゼルタの水が作り出した最も重要なものといえば白いチーズ、〝モッツァレラ〟だ。イタリア料理で本当によく使われるチーズなので、お馴染《なじ》みの方も多いだろう。18世紀からの伝統をもつ、このカゼルタの乳製品の工房では、真っ白で大きなゴムまりのようなものが、水にいくつも浮いている。その白くて柔らかい塊を職人たちが手に取り、千切っている。「モッツァレラ」とは「手で千切る」という意味を持つチーズなのだ。「普通の牛乳で作ったやつと一緒にされちゃ困るよ。草をたんまり食べて育った水牛のミルク100パーセント、そうじゃなきゃモッツァレラとは呼べないね」と気の良さそうな太った職人は自慢する。

モッツァレラ誕生のきっかけは、実は牛の疫病にあったといわれている。マラリアが流行し、多くの人が牛を失った。カルロ7世が命じたことは、疫病に強い水牛を飼育することだった。水牛を飼うための水はたっぷりある。そして、水牛のミルクでチーズを作らせたところ、なんともいえないほど美味《おい》しかったのだ。

40キロメートルの水路で、滝を配した庭園を造り、農村を潤し、イタリアの名品モッツァレラを誕生させたカルロ7世。その彼にも1757年、ベルサイユを超えようと情熱を傾けてきたカゼルタ宮殿を去らなければならない日が訪れた。兄の死により、スペイン王への即位が決まったのだ。ヨーロッパの名門ブルボン家一族内の「人事異動」だが、大出世と言えるだろう。そのカルロ7世がカゼルタを託したのは、なんとまだ8歳の息子フェルディナンド4世だった。

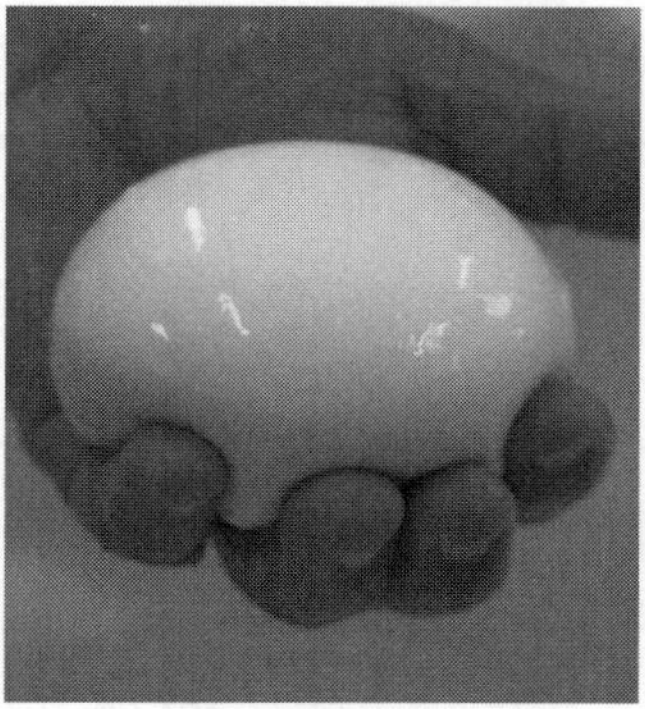
モッツァレラチーズ

その頃、世界は激動の時代を迎えようとしていた。フランスでは、カルロ7世が目標にしていた太陽王の後継者、ルイ16世とその妻マリー・アントワネットに対する民衆の不満が高まっていた。アメリカは1776年、独立を宣言。イギリスでは蒸気機関が発明され、第一次産業革命が始まっていた。

そんな疾風怒濤《どとう》の時代に成長を遂げたフェルディナンド4世は31歳のときに、父親カルロ7世とはまったく異なった庭園造りに挑み始めた。彼が選んだパートナーは、父親を助けた大建築家ルイジ・バンビテッリの息子、カルロ・バンビテッリだった。父親同士がいつも一緒に仕事をしていたため、二人は身分を超えて幼馴染みだったのだ。

二人が目指した庭園は父親たちが築いたものとは違い、自然の森のように見える英国式庭園だった。アフリカのモロッコやアルジェリア、オセアニアのニュージーランド、そして中南米のメキシコやグアテマラなど、世界中のあらゆる場所から木を集めさせた。

そのなかに、日本のツバキの木があった。記録によると、１７２８年に植えられたもので、オランダを経由してナポリに持ち込まれたと思われる。庭園総責任者のカネストリーニ博士は話す。

「フェルディナンド4世は、カゼルタで育ったツバキの花をヨーロッパ各国の王族に贈りました。こうしてヨーロッパ中にツバキの美しさが広まったのです。もしも、日本からここにツバキが届かなければ、パリを舞台にしたオペラ『椿姫《つばきひめ》』も生まれなかったのです」

その後、ツバキは品種改良によって種を増やしていった。最初は1種類だったものが、

１８５６年にまとめられた庭園のリストでは、１４６種類にまで増えている。世界中から集められた木々は、育った条件を調べて太陽光の当たる方向まで計算された。これらの木々は２００年経った現在でも、しっかりと育っている。息子同士二人の庭園は、父親世代の水路と滝に匹敵する技術の高さを証明している。

そして、父カルロ7世の水へのこだわりを引き継いだフェルディナンド4世は、その水を用いて新たな産業を生み出した。

１７８９年、地下水路から水を引いて作られた村、サンレウチョ。その水で水車を回し、水車の動きが歯車に伝わり、建物の中に動力を伝えていく。水が作りだした動力のすべてを、糸を紡ぐ機械である「紡績機」に伝え、織物用の糸を作らせたのだ。

この紡績機の大きさには、ただただ唖然《あぜん》とする。高さは12メートル、部屋全体を紡績機が占めている。絹糸を何本かに束ねて織物用の糸にする作業もすべてこの機械がこなし、生産力は１００倍以上になったという。18世紀にイギリスの産業革命が生んだ紡績機をさらに改良したものだった。

良質な絹糸の大量生産に成功したフェルディナンド4世は、最高級の布を織らせる。そしてカゼルタ宮殿の内装をシルクで統一し、外国への輸出も始めた。しかし、時は民衆が蜂起《ほうき》して王制を倒したフランス革命が起きた年である。フェルディナンド4世は、利益はすべて工場で働く職人たちに還元するという画期的な決断をする。

200年経った今でも、サンレウチョ村の主産業はこの織物だ。現代のサンレウチョ織物工場社長のグスターボ・デ・ネグリさんは語る。

「最高級の布をナポリ王国の地から世界にアピールしたいという、フェルディナンド4世の想いを受け継いで頑張ってきました。おかげさまで、今ではアメリカのホワイトハウスのカーテンや壁の内装を手掛けていますし、バッキンガム宮殿やアルゼンチンの大統領官邸などともお付き合いがあります。この間は、あのブラッド・ピットさんからも発注がありました。これからも職人としての誇りをしっかりと受け継いでいきたいと思います」

カルロ7世のベルサイユを超えようという想いから出発した親子二代40年の挑戦は、ただ単にカゼルタ宮殿を築き、発展させただけではなかった。

宮殿のために造成した40キロメートルの水路を活用し、イタリアの特産品モッツァレラを生み、上質なシルクを織る紡績工場を作りだした。王家を繁栄させるというよりは、一般の人々の生活を豊かにしつつ、地場産業を生み出し、発展させたことが素晴らしい。

これは武力により他国を侵略して得た富ではなく、自らの知恵とエネルギーがもたらした貢献だということが、なんとも晴れやかな気分にさせてくれる。

撮影チームを乗せた車の運転手が、最後にこんなことを教えてくれた。

「プロサッカークラブの『ナポリ』に所属してチームを優勝に導いたディエゴ・マラドーナ。俺たちにとってマラドーナ以前では、カルロ7世こそが最も偉大な王様だ」

婚礼への道～マリー・アントワネットと世界遺産（フランス）～

〈11年4月　検索deゴー！　とっておき世界遺産〉

ベルサイユ宮殿といえば、太陽王ルイ14世とともに想い出されるのが、あの悲劇のヒロイン〝マリー・アントワネット〟だ。14歳の時に、オーストリアからフランスの王太子のもとにお輿《こし》入れをしている。このマリー・アントワネットほど、人生そのものが世界遺産と関わっている人物も珍しいのではないだろうか。生まれ育ったのがシェーンブルン宮殿、嫁いだ先がベルサイユ宮殿、そして嫁入りするための旅路も、ほとんど世界遺産になっているのだ。

マリー・アントワネットは、1755年、ハプスブルクの女帝マリア・テレジアの11番目の皇女として誕生する。末娘でもあり、アントーニアという愛称で呼ばれ寵愛《ちょうあい》を受けながら育つ。美人とは言えないが、人々を魅了するような碧《あお》い目の金髪で、透き通るような白い肌だった。明るく元気な女の子で、音楽や踊りに夢中になっていたという。母マリア・テレジアの招きで、シェーンブルン宮殿に演奏に来た、天才少年モーツァルトが転んだとき、彼を助け起こしたマリー・アントワネットにモーツァルトが「僕のお嫁さんになってもらえませんか」とプロポーズしたという話は良く知られている。もちろん、事の真偽は定かではないが……。

そのオーストリア王女マリー・アントワネットは、1770年4月21日、オーストリアとフランスの同盟強化のため、ベルサイユへの婚礼の旅路につく。迎える花婿はフランス王太子ルイ・オーギュスト、後のルイ16世である。オーストリアとフランスを結ぶロイヤルウェディングは「世紀の結婚」としてヨーロッパ中を沸かせた。

嫁ぐ日、母マリア・テレジアは末娘アントワネットを胸に抱き、涙ながらにこう言い聞かせた。

「愛《いと》しい娘よ、あなたは新しい同盟の証《あかし》として、フランスへ行くのです。フランス国民を愛し、懸命に生きるのですよ」

母の言葉を胸に、アントワネットはヴァージンロードの旅に出た。合計57台の馬車を連ね、1570キロメートル、25日間の長旅である。アントワネット、14歳の春のことだった。

ウィーンを出て、間もなく見えてきたのは〝ヴァッハウ渓谷〟だ。中世に造られた古城や修道院が、ゆったりと流れるドナウ川の岸辺に点在する景勝地だ。丘の斜面にブドウ畑が広がり、アントワネットは幼少期を過ごしてきたオーストリアの風景との別れを噛《か》みしめたに違いない。

最初の宿泊先は〝メルク修道院〟だ。岩の突端に建っているロケーションは、見る者を圧倒する。10世紀に要塞《ようさい》として建てられたものを改築し、東西320メートル、尖塔《せんとう》の高さ69メートルという力強いその姿は、色白で華奢《きゃしゃ》なアントワネットのイメージとは正反対だ。ファンファーレが鳴り響き、町を挙げての大歓迎の中、アントワネットは修道院に到着する。鮮やかな天井画に包まれた、荘厳な雰囲気の修道院だ。夕食の後は、ドイツ語のオペラ「レベッカ　イザークの花嫁」が上演された。すべて修行僧が演じ、歌手やソリストすべてが男性のオペラだった。司祭の計らいによるオペラで、14歳の門出を祝ってもらったのだった。

出発から17日目、1770年5月7日。アントワネットはフランス国境に到着する。ライン川に架かる橋を渡れば、フランスのストラスブールだ。アントワネット一行はライン川を渡りきらず、中州に留《とど》まる。ここでアントワネットはウィーンから共に旅してきた随員たちに別れを告げ、一人「引き渡しの儀式」に臨むのだ。それまでの衣装を脱ぎ、フランス使節団が持参したフランス宮廷衣装に着替えた。

フランス国王の特使による歓迎の言葉を受け取り、フランス側に案内されると、ここでその後アントワネットに仕える宮廷の人々を紹介された。アントワネットは微笑みながら、こう言ったという。

「皆様、どうかオーストリアの言葉をお使いになりませんように。今日から、私はフランス語しか理解いたしません」

それまでの自分と決別したアントワネットは、初めて見る異国の地フランスへと入り、ストラスブールに宿をとった。パリとウィーンを結ぶ街道沿いの街、ストラスブールはライン川が交わる交通の要衝であり、ドイツとフランス両国にとって重要な街であった。中世以降、両国の間で激しい領土争いが繰り返され、5回にわたって国籍が変わっていく。そんな因縁の街で第1日目を過ごすことになるのも、皮肉なことだった。

案内されたのは〝ロアン司教邸〟。あのルイ14世の意向を受けて、ベルサイユ宮殿を模して造られた華やかな館《やかた》だった。この建物を通してベルサイユ宮殿の雰囲気を感じてもらい、フランスがオーストリアと比べていかに華麗な文化を持っているかを示そうとしたのかもしれない。アントワネットは、フランス国王も泊まる部屋に通され、ルイ14世と同じような豪華なベッドでフランス最初の夜を過ごした。

翌朝アントワネットは、ストラスブールのシンボル〝ノートルダム大聖堂〟に向かった。当時ヨーロッパ一の高さを誇った圧倒的な迫力でアントワネットを驚かせたことだろう。「石のレース編み」と称賛されている、壁面を埋め尽くす緻密《ちみつ》で美しい彫刻でも知られている。このノートルダム大聖堂でアントワネットは、「フランスでの未来に幸あれ」と祈ったはずだ。

1770年5月16日午前10時。ウィーンを出発して25日目、ついにマリー・アントワネットは新居、ベルサイユ宮殿に到着した。ブルボン王朝の紋章が掲げられた正面の門を入り、宮殿内のきらびやかなバロック様式の装飾をゆっくり見る間もなく、午後1時から結婚式が執り行われた。

王室礼拝堂で、二大強国が手を結ぶ、正規の結婚式には1600人が招待された。庭園は一般市民に開放され、パリの人口の半分にあたる人々が押し寄せたといわれる。舞踏会や花火など、宴《うたげ》は翌日まで続く騒ぎだった。

王太子ルイ・オーギュストと王太子妃マリー・アントワネットは、パリ郊外にあるコンピエーニュの森の王家離宮で、事前に初対面を終えていた。馬車から降りたアントワネットは、国王であり、養父となるルイ15世のもとに走り寄り、優雅に挨拶《あいさつ》をした。国王は碧い瞳《ひとみ》を輝かせた皇女を一目見て気に入って、優しく抱きしめたという。王太子ルイ・オーギュストも、アントワネットを抱きしめて形だけの接吻《せっぷん》をしたが、恥ずかしさのあまり、顔面蒼白《そうはく》だったらしい。この時、王太子15歳9ヶ月、王太子妃14歳6ヶ月の、幼い門出だった。この日までアントワネットは、フランスから送られてきた版画「王太子が養育係の指導のもとで農地を耕している」を見て、未来の夫を想像するだけだった。

晴れて始まったはずの新婚生活は、ハプスブルク家の自由な気風の中で育ったアントワネットにとって、常に王侯貴族の視線にさらされる息苦しいものだった。1日の生活時間はすべて決まっていて、起床は9時。11時に化粧、12時にミサに出席して昼食。13時30分から読書、書き物、手仕事。16時には神父の説教。17時に音楽のレッスン。18時30分、王族の部屋の訪問と散歩。19時、カード遊び。21時、晩餐《ばんさん》・国王と面会。23時、就寝——。すべてが格式と時間に縛られていた。また、これは何年も後のことになるが、出産も大勢の王侯貴族が見守る中で行われたというのだ。

アントワネットは、母マリア・テレジアに宛てて、こう手紙をしたためている。

「優しく、愛情こまやかなお母様。お母様から引き離されて暮らす無念に涙がこぼれます。帰りたい……」

沈みがちなアントワネットを気遣い、夫であるルイ16世は庭園の一部をアントワネットが自由に使えるようにプレゼントした。アントワネットはそこに故郷オーストリアを思わせるような素朴な村里をつくる。池があり、畑があって羊がいて、心地よい風がわたり、草の香りがする。アントワネットは、次第にここで過ごす時間が多くなっていった。ここは「プチ・トリアノン」と呼ばれ、現在でもそのまま残っているが、厳格な宮殿生活から逃れるにはうってつけの場所だと思われる、のどかな雰囲気に包まれている。

オーストリアとフランスがヨーロッパの覇権を競っていたこの時代、オーストリアは、ルイ14世によって強国にのし上がっていたフランスを敵にまわしては未来がない。そこでとられた策がアントワネットのお輿入れだった。皇女を嫁がせておけば、後にフランスの王位継承者を生む可能性もある。オーストリアの文化がフランスに伝わることにもなる。そして、フランスの情報も入りやすい。

アントワネットに対しては、母マリア・テレジア自らがオーストリアのおかれている政治状況などを事前に教え込んだという。しかしそれは、少女アントワネットにとってどれほど理解でき、自覚を持てるものだったのだろうか。「世紀のロイヤルウェディング」だと世の中は浮かれていたが、当のアントワネットは使命を果たすために逃げ出すわけにはいかなかった。14歳の少女にとって、それは荷が重いウェディングでもあったのだ。

協力／石井美樹子（神奈川大学名誉教授）

女帝の純愛～シェーンブルン宮殿（オーストリア）～

〈08年8月　検索deゴー！　とっておき世界遺産〉

マリア・テレジアは、１７１７年にヨーロッパ随一の名門王家ハプスブルク家の長女として誕生した。15世紀以降、神聖ローマ帝国の皇帝を世襲してきたハプスブルク家だったが、カール6世の時代に男子の世継ぎが途絶えてしまった。やむなく父親であるカール6世が自ら王位継承法を定めて、女性であるマリア・テレジアを後継者として指名したのだ。その時、マリア・テレジア23歳。ハプスブルク家６４０年の歴史の中で唯一の女性王位継承者となり、まず取り組んだのが宮殿の大改築だった。

宮殿を〝シェーンブルン〟――「美しい泉」と名付け、離宮からハプスブルク家の居城とした。外壁については、威厳のある金色にしようという男性の臣下たちの案を却下し、彼女は上品な黄色で統一した。広大な庭園の向こうに、イエローの宮殿が落ち着いた雰囲気を醸し出し、費用も安く済んだという。その色は「テレジアン・イエロー」と呼ばれ、現在もウィーンの人々に親しまれている。

しかし、マリア・テレジアの最も特筆すべきことは、初恋の人との恋愛結婚だ。夫は、アルプスの小国のプリンスだったフランツ・シュテファン。5歳のころからの幼馴染みで、15歳でウィーンに留学した時に、マリア・テレジアは少年フランツに都会的なセンスを感じて心を奪われたという。

政略結婚が重要な外交手段だったハプスブルク家にとって、恋愛結婚は異例中の異例だった。おそらくハプスブルク家の大騒動だったのではないだろうか。結局フランツはいわば婿養子として迎え入れられた。夫28歳、妻19歳の時だった。

神聖ローマ帝国の皇帝はフランツに継がせたが、オーストリアの王位はマリア・テレジアで、政治的な実権は妻が握っていた。しかし隣国のプロイセンやフランスは、女性の王位継承権を認めず、それを口実にオーストリアを分割しようと戦いを仕掛けてきた。このオーストリア継承戦争（１７４０年〜１７４８年）によって、オーストリアはプロイセンに国土の一部を奪われてしまう。この雪辱を果たそうと、マリア・テレジアは行政、軍事、統制、農業などの改革を行い、国力を回復させていった。宮殿の仕事部屋に隠し扉を作って臣下達と密談し、複雑な宮廷政治を取り仕切るしたたかな一面も身につけていった。またスロバキアの鉱山を統治し、新技術を開発して採掘量を飛躍的に伸ばすなど、その才覚は認められ、宿敵プロイセンの王からは「ハプスブルク家に、ひとりの偉大な『男』が現れた」と揶揄《やゆ》されながらも評価される存在になっていった。

そんな彼女を支えていたのが、夫フランツだった。抜きんでた知識を持つ経済の専門家だった彼は、巧みな投資と資産運用、そして企業経営で、戦費を捻出《ねんしゅつ》し、財政面で妻と国家を助けた。現在もオーストリア有数のシェアを誇る磁器メーカーは、フランツの指導により量産化に成功して売り上げを伸ばし、莫大《ばくだい》な利益を得た。

フランツは子供達の教育にも熱心だった。一家が生活に使った宮殿の部屋では、温かい父親としての一面を垣間《かいま》見ることができる。壁一面に飾られている小さな絵の多くは、フランツと子供達が一緒に描いたものだ。ゆったりと眠っている女の子と猫、カードゲームに興じる子供達が実に生き生きと描かれている。マリア・テレジアが仕事部屋として使っていた磁器の間も、父と子が模写した東洋の風俗画213点で覆われている。ひとりの子供に5〜10室があてがわれ、美術、工芸、音楽などの教養を身につけさせた。物心ついた時からマナーを仕込み、前かがみにならずに背筋を伸ばしてスープを飲むよう、頭に本をのせて練習させたという厳しい一面もある。

フランツは、妻マリア・テレジアをなごませるために、ユニークな施設も造った。二人で朝食を楽しんだ小さな建物からは、たくさんのフラミンゴがくちばしを突っつき合いながらじゃれあっている姿が見える。シマウマやヤギなども遊んでいる。なんと宮殿の中の夫婦二人の憩いの場に、動物園を造ってしまったのだ。ここは今も、世界最古の動物園として、ウィーン市民に愛されている。

夫の想いに応《こた》えるようにマリア・テレジアが贈ったのは、宝石の花束だった。緑の葉の中にダイヤモンドを2000個以上もちりばめた、誕生日プレゼントだ。政治の表舞台に立つこともなく、影が薄かった夫フランツ。しかし、マリア・テレジアは彼こそが最良のパートナーだとして信頼していたのだ。宝石の花束など、私にすればまるで男性から女性への贈り物のように思われるが、これが二人にとっての真実の姿だったのだろう。

女帝として政治を司ることのほかに、もうひとつマリア・テレジアには大きな責務があった。「出産と子供達の結婚」である。フランツ・シュテファンとマリア・テレジアは、19年間で16人の子宝に恵まれた。

マリア・テレジアの責務というのは、子供達を他国の君主に嫁がせたり、君主の娘を迎え入れたりすることで、帝国の安定を図ることだった。ハプスブルク家には、こんな家訓がある。「戦争は他国に任せよ。幸いなるかなオーストリアよ、汝《なんじ》、結婚せよ」。

純愛で結ばれた二人には、子供たちにこんな政略結婚をさせることは似つかわしくないが、それが当時の宮廷政治の現実だったということなのだろう。前項の主人公、マリー・アントワネットをベルサイユ宮殿のブルボン王朝に嫁がせたのが、最後のひとりだった。

マリア・テレジアは、母として、嫁がせた娘たちひとりひとりにこんな文章を渡している。

「毎日、起きたら必ずお祈りをしなさい。そうすれば、きっと落ち着きと安らぎが得られますからね。良い本を読みなさい。それも哲学書とか小説のような有害なものではなく、もっと心の修練に役立つ宗教書や楽しい読み物にしなさい。夫に愛されるようにしなさい。あちらの国民に気に入られるようにするのですよ。けれど、あまりおもねるようではいけません。無駄なことにお金を浪費しないことです。それは国民の信頼を失うことになるのですから。あなたはいつも、ハプスブルクの娘であることを忘れてはいけません。そして私の娘の名に恥じないように行動しなさい」

そして、ウィーンとベルサイユの間には、特別な通信網（飛脚のようなもの）を設け、頻繁に連絡をとっていたといわれる。末娘の身を案ずるとともにフランスの国情を探る目的もあったのだろう。末娘のマリー・アントワネットには「1ヶ月に一回は必ず母に手紙を書きなさい。そうすれば母が助言してあげますからね」と告げている。

私にはそれは娘たちへの、母親らしい愛情だと思える。

ところで、16人の子供を産み、多忙な政務をこなしていたマリア・テレジアには最愛の夫のほかにも、大きな味方があった。ハプスブルク家秘伝の「オリオ・スープ」だ。

このスープの材料は牛肉、羊、ウサギ、野鴨、栗、根菜類、キノコ、豆など、肉30種、野菜15種ほどに及ぶ。豚足や牛の髄も使うのでコラーゲンもたっぷりだ。宮廷内には、オリオ・スープ専用の厨房《ちゅうぼう》が設けられ、具材を1日かけて煮込んだ後、きめの細かい布を使って何度も濾《こ》す。この作業を3日間。最後に、卵の殻を使ってスープの澱《おり》を寄せ集め、できるだけ透きとおったスープにする。見たところ色は褐色だが、確かに透き通っている。

これをマリア・テレジアは、1日に7〜8杯飲んでいたという。味は洗練されており、栄養は満点だ。実際に飲んでみた番組のリポーターに言わせると「濃厚だがあっさりとして美味しかった」ということだ。このスープが女帝の活力を支えていたことは間違いない。

ただ同時に、若かりし頃の肖像画を見るとスレンダーだったのが、中年以降は堂々たる体形になっているのに、このスープの高カロリーが、かなり影響していることも間違いないのではないだろうか……。

マリア・テレジアとフランツ・シュテファンが結婚してから29年目の夏。夫婦に突然の別れが訪れる。夫フランツが三男レオポルドの結婚祝いでインスブルックに赴いた際、脳卒中で倒れ、帰らぬ人になってしまったのだ。夫57歳、妻48歳の時だった。冷静沈着で知られていたマリア・テレジアも、この時ばかりは夫の死に動揺し、主治医を同行させなかったことを悔い、ただ泣き叫ぶばかりだったという。

夫の死後、マリア・テレジアは、彼の執務室の壁を黒い漆で塗り替えている。夫との想い出に浸るための空間に改装し、フランツの肖像画を新たに描かせ、多くの時間をこの「漆の間」で過ごすようになる。ここで夫と過ごした日々を嚙みしめていたに違いない。彼女が夫の死の直後に書いた自筆のメモがいつも使っていた祈禱書《きとうしょ》に挟まれたまま発見されている。

「私は慰めのない状況にいます。私にとって一番幸せだったのは、29年6ヶ月6日の結婚生活でした。私の26年の政権の期間に、私を守り励まし、慰め、助言してくれたことがすべて消え去り、一層不幸な状況です。私の心と私の切なる望みは、最愛の夫だけを愛し、尊敬することだけでした。私たちの心は一緒でした。私にとって幸せなこのような時間は二度とありません。この幸せな時間が再び訪れるのは、彼と永遠につながる時でしょう。

1765年8月18日　MTH（マリア・テレジア）」

自らが夫のいる世界にいきたいという気持ちを切々と綴《つづ》っている。しかし、カトリック教徒である彼女には自死は許されない。修道院にはいることも考えたが、周囲に反対されて思い止《とど》まったという。その後の人生をマリア・テレジアは一貫して喪服で通した。

ハプスブルク家ただ一人の辣腕《らつわん》の女帝として、夫を一途《いちず》に愛した貞淑な妻として、そして16人の子供の優しい母として、さらには国民からも偉大な母として尊敬を集めたマリア・テレジアは、1780年11月29日、シェーンブルン宮殿で63歳の人生に幕を下ろした。

第VI章　都市の挑戦

水と森の都～ベネチアとその潟（イタリア）～

〈10年10月　世界遺産への招待状ほか〉

アドリア海は、地中海からさらに深い入江となっていて、私が航海した時は、まるで湖のように波もなく穏やかで、深い青、紺碧《こんぺき》の海だった。

私は２０１５年９月18日から10月８日まで、世界遺産の洋上講座の講師として「ピースボート」というＮＧＯ団体が運営する３万５２６５トンの大型客船に乗り込んでいた。横《よこ》浜《はま》を発《た》ち、１０８日間で世界を回る行程に、９８７人が乗船していた。最高齢は90歳の男性で、ひとりで参加している。ジーンズにダウンベストを羽織って、いつもニコニコしており、コウちゃんと呼ばれて親しまれている。最年少はあいちゃんという2歳の女の子で、最初の頃は母親に抱かれていたが、いつの間にか、何人かのおじさんやおばさんにも慣れ、いつも頭を撫《な》でられている。タキシードを持って乗るような豪華客船とは違い、とても庶民的な雰囲気だ。

およそ60パーセントが、60歳以上のリタイアメント世代で、憧《あこが》れの世界一周を目指している。40パーセントが世界各地の若者たちで、国際交流をしながら世界の平和を考えている人たちだ。ちょうど航海中にエーゲ海で難民の子供が命を落とし、急遽《きゅうきょ》シリア難民のための寄付を船内で呼び掛けたところ、わずか2日間で１００万２０００円が集まった。寄港地のギリシャのピレウスで、ピースボートの代表が「世界の医療団」に寄付してきた。そんな船の上で、私はベネチアやドゥブロブニクのような小さい都市国家が、いかに生き延びてきたのかを、私たちが制作してきた番組に基づいて語っていた。

アドリア海の東岸は、大小の入江や島が点在し、中世から船乗りたちに悪天候の際の避難所を提供してきた。さらに「シロッコ」と呼ばれるサハラ砂漠から吹く南風が、船をベネチアやドゥブロブニクに疾走させた。一方、西岸のイタリア側は、ツルッとした滑らかな海岸線で、良い港も少なく、東岸に比べて歴史的な発展がみられない。イタリアが豊かだという私たちが抱くイメージとは逆のことが、この海では起きていた。

ベネチアはそんなアドリア海の最奥部に位置し、航海の条件には恵まれているが、大陸から流れ出る河川も多く、ラグーナと呼ばれる干潟が広がる特殊な条件下にある。その低湿地帯に人々が住み始めたのは6世紀頃で、もともと陸地にいた人々が、異民族に攻撃され、ここに逃げ込んできたという。人々は120ほどの小さな島を橋でつなぎ、まるで寄木細工のように街を広げていった。ゴンドラなどが行き交うところを運河と呼んでいるが、あれは人工的に造られたものではなく、自然の海なのだ。

川が運んできた土砂による浅瀬で、海水と淡水とが混じり合った湿地帯に、家を建てるのは並大抵の苦労ではない。まず、10メートルにもなる丸太を何本も海底の固い岩盤に打ち込み、その上に石を積んで土台にした。家を建てる前に、ひと工事が必要なのだ。大量に打ち込まれた丸太が、水の中で腐ってしまうように思えるが、塩分が多くて酸素がないために、腐ることなく現在では化石のようになっているという。

そんな構造で建物が建っているということから、「ベネチアを逆さにすると森ができる」といわれる。

生きていくために苦労が多いラグーナに街を築いた人々は、浅瀬をうまく利用する作戦を立てた。船が航行できるところは限られており、その道筋に杭《くい》を打ち、航路を示している。杭の内側は水色で船の航路となるが、その外側は茶色で水深10センチメートルしかないところもある。ここに目をつけた人々は、敵の船が攻めてくると杭をすべて抜いて、べネチアにたどり着く前に座礁させたのだ。座礁した船から敵の兵士たちが降りてきて攻め入ろうとしても、今度は泥にその自由を奪われてしまう。ベネチアは、ラグーナを自然の要塞《ようさい》として活用したのだ。中世の街によく見られる城壁や砦《とりで》を築く必要がなかった。9世紀にベネチアを襲った敵国の軍隊が、ラグーナの浅瀬でのたうちまわる様子は大きな絵画となり、ベネチアのドゥカーレ宮殿に掲げられている。17世紀には、ジェノバがラグーナ近くまで攻め込んできたが、直接攻撃されることなく逃れることができたという記録も残っている。

かつて街に掲げられていた石盤には、こんな言葉が刻まれている。

「水は我々を城塞のように守っている。許可なくラグーナに手を加えたものは祖国の敵とみなす。その罪は永遠に消えない」

ベネチアを取材した女性ディレクターからこんな体験談を聞いたことがある。ラグーナを撮影しようと船で向かい、小さな島に上陸しようとした。しかし、足をとられて、まったく前に進めない。それどころかズブズブとはまってしまって、泥から足を抜こうにも、ぴったりと足にフィットした長靴の方が脱げそうになってしまう。30分ほどどうしたものかと、スタッフ一同、途方に暮れていたところを、地元の人に助け出されたという。その時に、きらびやかな現代のベネチアを眺め、このラグーナから街を築いてきた人々のことを想うと、胸に熱く迫るものがあったという。

もちろん、ラグーナで敵を欺くだけで、国が成り立つわけがない。繁栄をもたらしたのも海だった。ベネチアは9世紀頃から地中海に乗り出し、広範な交易網を作りだしていた。中東、アフリカからは香辛料、染料、絹織物を、ヨーロッパからは羊毛、毛織物、金属を仕入れ、それを売買することで巨万の富を築いていった。ベネチアは東西の産物を買い、それぞれに売るという、いわゆる中継貿易の要《かなめ》として発展していったのだ。その成功の裏には、ベネチアがとっていた独特な政治体制があった。

観光客の誰もが訪れる「サンマルコ広場」は、1000年にわたるベネチア共和国の歴史の中で、常に中心になってきた場所だ。高さ98・6メートルの赤茶色の鐘楼は、かつては行き交う船のための灯台の役割も果たしていたという。サンマルコ寺院は人々の心の拠《よ》り所《どころ》で、ベネチアのシンボルであるライオン像も上部に刻まれている。政治の場は、ドゥカーレ宮殿。「大評議会の間」は広さが1300平方メートルもあり、1000人以上の商人が集まった。中世のベネチアは大商人たちが政治を担っていたのだ。王や君主を戴《いただ》いたことは一度もなく、一貫して商人たちによる共和制を採っていた。そうなると、誰を国の代表に据えるかの選挙がとても大切になる。

「ドージェ」と呼ばれる総督は商人の中から選ばれるが、談合や陰謀、要するに不正を排除する仕組みが徹底されていた。まず１０００人以上の商人の中から、30人を抽選で選ぶ。その30人を再び抽選によって9人に絞る。今度はその9人が投票をして40人を選ぶ。このように抽選と投票を10段階も繰り返して、最後に一人のドージェを選び出す。抽選という偶然の要素を組み込むことで、選挙に不正が入り込む余地をなくしたのだ。

これだけで十分だと思うのだが、さらに公正を期すために、票を数えるのを、権力には無縁の子供達の役割にした。しかし、それでも収まらない。ベネチアにはその票数えのために子供達に使わせた道具も残っている。赤い柄に金色の手がついた棒だ。見た目に派手で目立つ。自分の手で数えると、袖《そで》の下に玉を隠したり、逆に袖の下から玉を出して加えたりすることができるからだという。

このように厳しいシステムでドージェに選ばれても、守るべき規則は１００項目以上もあった。たとえば「外国から来た使節に許可なく一人で会ってはいけない」とか、「ドージェ宛に届いた手紙であっても、許可なく一人で開けてはいけない」。さらに「許可なく一人でドゥカーレ宮殿の外に出てはいけない」といったものまで、国のトップに課せられた規則とは思えない厳しさだ。大評議会の間には歴代のドージェの肖像画が壁に掲げられているが、14世紀の一人の肖像画が黒く塗り潰《つぶ》されている。自らに権力を集中させようとして処刑されたのだ。

小さな国の中で不正が起き、争いが生まれては国がもたない。そんなことから、このようにユニークな政治システムが考えられたのだろう。資源もなく、領土も小さなベネチアがいかにして生き延びていくかの知恵だ。こうして15世紀のはじめに、ベネチアは黄金期を迎えた。

しかし、そんなベネチアに強敵が台頭してくる。現在のイスタンブールを中心にして、イスラム国の「オスマン帝国」が強力な軍隊を持ち、どんどんと領土を拡大していたのだ。地中海にあったベネチアの商業拠点が次々とオスマン帝国に奪われ、交易に大きな打撃を受けた。中継貿易だけに頼っていては将来がないと、ベネチアは自国の製品開発に乗り出す。

ラグーナの中にあるムラーノ島の「ベネチアングラス」である。現在も観光客に大人気の色鮮やかで斬新《ざんしん》なデザインのグラスは、ここで開発されたものだった。特にレースグラスは、ヨーロッパ中の王侯貴族の憧れの的になっていた。レース編みのように白い線がクロスして織り込まれ、その技は門外不出とされた。職人たちは独創的な技法を作りだそうと挑戦を繰り返し、その競争が次々と新しいデザインを生んでいったのだ。

さらにベネチアは新たな手を打つ。元々の領土ではない陸への進出だ。有力な商人たちは、陸地に「ヴィラ」と呼ばれる別荘を建て、農作物の生産に乗り出していく。ラグーナのベネチアには自然の木はほとんどなく、農業どころではない。豊かな陸地で農作物を育て、食料自給率を上げようという賢明な策だ。ヴィラはその名のとおり、洒落《しゃれ》たもので、とても農家には見えない。それもそのはず、どれもが16世紀にヨーロッパ中に名を轟《とどろ》かせていた有名な建築家であるアンドレア・パッラーディオによるものなのだ。パッラーディオの建築はギリシャ神殿のような壮麗な装飾が特徴で、アメリカのホワイトハウスやイギリスのバッキンガム宮殿も、その流れを汲《く》んでいるといわれている。

24軒のヴィラが、平原の中に点在しているが、それらがまとめて〝パッラーディオ様式のヴィラ群〟として世界遺産に登録されている。撮影クルーは、その中のひとつ、ベネチアの北50キロメートルのマゼール村にあるヴィラを訪ねた。16世紀、大商人バルバロ家の別荘として建てられたものだ。現在のオーナーが、颯爽《さっそう》と馬に乗って現れた。しかも、日本語で話しかけてくる。

「私はヴィットリオ・ダレ・オレと申します。この家に住んでいます。日本語は日本で習いました。長い間、日本に住みました。映画の仕事をやっていました。黒澤明《くろさわあきら》監督の助監督でしたから……」

黒澤監督の大ファンだったヴィットリオさんは、1980年代前半に来日し、映画「乱」などの助監督を務めたという。さっそく、ヴィラを案内してくれた。住居部分が真ん中に構え、左右対称の美しいデザインだ。

「建物は細かく計算されて配置されています。建物の右側は風が良く通ります。そこに、小麦を乾燥させる部屋や馬小屋が設けられました。左側にはワインの保存部屋が置かれました。日陰になる時間が多く、室温が安定しているからです。この建物は美しいだけでなく、実用性も兼ね備えているのです」と流暢《りゅうちょう》な日本語で説明してくれた。

ヴィラの周辺には70ヘクタールの畑が広がっている。現在、ヴィットリオさんはワインとトウモロコシを生産している。当時は、ヴィラを生産拠点として土地が開かれ、小麦やトウモロコシなどが大規模に生産されていた。さらにベネチア商人は、米を生産して食卓に新風を巻き起こした。そう、リゾットである。現在のイタリアは、ヨーロッパで最大の米の生産国になっている。ヴィラの裏側には山から水を引き、農業用水として蓄えられている。ベネチア共和国は陸に進出し、肥沃《ひよく》な農地を開拓することで、危機を乗り越えたのだ。

もうひとつ、ベネチアを支えた世界遺産がある。〝ドロミーティ〟だ。14万ヘクタールに及ぶ山岳地帯で、3000メートル級の山々が連なる自然遺産だ。山の中に入っていくと、天を目指して真っ直ぐに伸びる針葉樹の森が広がっている。ベネチアはこの森を領土とし、その木をラグーナの泥の下の固い岩盤に打ち込む木材として使った。

それ以上に、地中海の交易で成長してきた海洋都市のベネチアには、船を造るために、大量の木材が必要だった。ドロミーティに統治官を派遣して、森を育てるとともに木材の規格を統一した。「アルセナール」と呼ばれる国営造船所では、船のそれぞれの部分に適した木材が使われた。水に強いナラの木は船体に、柔軟性のあるブナの木はオールに、そしてマストには、真っ直ぐなトウヒの木が使われた。ベネチア共和国の船の建造を支えてきた森は、北の斜面に広がっていてあまり陽が当たらない。年輪を見ると、とてもつまっている。日陰の木は成長が遅く年輪が狭く、その分、強靭《きょうじん》な木になるのだという。

森は、アルセナールが厳格に管理していた。「森の管理簿」が残っている。それぞれのゾーンに管理人が置かれ、「今、切るべき木」と「20年後に切るべき木」が明示されている。直径50センチメートルに満たない木は切ってはならないと定められていたのだ。あるゾーンでは704本の木の伐採が可能で、そこから2816本のオールを作ることができると緻密《ちみつ》な計算もされている。水の都ベネチアは、森をも知り尽くしていたのだ。

私はピースボートの航海でベネチアを訪れた際に、アルセナールの跡を訪ねてみた。その名もアルセナールと名付けられた運河をのぼっていくと、運河の両脇にレンガ造りの堂々たる塔が建っている。ここが船が出入りする水門となり、その奥にはドックが並んでいる。同時に100隻建造可能という規模で、3000人が働いていた。塔の両側はやはりレンガ造りの塀が連なり、人が出入りする門の両側には、ベネチアのシンボルであるライオン像が鎮座して風格を与えている。しかし、その門には「MILITARY ONLY」の表示があり、一般人は中には入れない。敷地の奥には無線塔のようなものが建っていて、海軍の基地として使われているということだった。かつてベネチアの屋台骨だったアルセナールは、現代になっても堂々たる雰囲気を漂わせ、数は多くないが、観光客も次々に訪れ、カメラに収めていた。

まずは水を制し、次に陸に進出し、最後には森をも制して造船に励んだベネチア。何事にも徹底して取り組み、妥協を許さなかった一途《いちず》さが、１０００年の都を築いたのだ。

輝きを取り戻せ～ドゥブロブニク旧市街（クロアチア）～

アドリア海の東岸に位置するドゥブロブニクは、干潟のベネチアに比べてはるかに良い自然環境に恵まれている。「ピースボート」を率いるキャプテン（船長）は Natural Port という英語で表現した。ゆるやかに両岸が張り出し、目の前に小島が位置している。悪天候でも大波は押し寄せず、日本語で言うところの〝天然の良港〟だ。

だが、ピースボートの大型客船が入れるような桟橋はなく、船は数キロ先の港に停泊した。キャプテンはスウェーデン人でその名も「アンデルセン」。１９０センチメートル、１００キログラムの大男で両腕にタトゥがあっていかついが、いつもニコニコして愛想がいい。20年ほど前に同じ船で来た時には、まったく入れる港はなかったと教えてくれた。

ドゥブロブニクへの観光客が増え、大型客船が入れる港が造られたのだという。ついでだが、ベネチアの方はもっと大がかりで、海岸を削る工事をしたはずだと、大きな手で掘る仕草をしながら説明してくれた。確かにベネチアに接岸する時には桟橋に向かって3万5000トンの船が直角に曲がらねばならず、船尾でタグボートが、必死の有様で外側に船を引っ張っていた。世界遺産ブームによる、大型客船の受け入れも簡単なことではないのだ。

さて、船を降りてドゥブロブニクへは、徒歩でおよそ45分の行程だった（もちろんバスも走っている）。獲《と》れたての魚をおじさんが、採れたての野菜をおばさんが売っている小さな市場でブドウを買った。小粒だが甘くて疲れがとれる。小高い丘を登ると洒落た家々が並ぶ。別荘なのかもしれない。眼下に広がる海は真っ青で波ひとつない。

最初の目的地、ドゥブロブニク旧市街が一望できるロヴィエナッツ砦には、細い道を海に向かって下り、最後は石段を上り、小さな入口から入る。中は大きなバルコニーのように広く、目の前に要塞に囲まれたドゥブロブニク旧市街が手に取るように現れた。岩が積み上げられた要塞の塀は高いが、統一された赤瓦《あかがわら》のオレンジ色の家々の屋根が、日差しが当たって美しく輝いている。これでひとつの街、いや、中世では独立した都市国家だったとは思えないほど、小さな領域だ。しかし、左手には山が迫り、右手には広大なアドリア海が広がる空間で、凝縮されたオレンジのパワースポットのように感じられた。

ロヴィエナッツ砦の入口の石壁に、ドゥブロブニクにとって最も大事な標語が刻まれている。かなり摩耗はしているものの、

NON　BENE　PRO　TOTO　LIBERTAS　VENDITUR　AURO

と読み取れる。これはラテン語であり、文中のLIBERTAS、つまり自由という言葉がキーワードだ。文章全体を日本語に訳すと「どんな黄金に換えても、自由を売り渡してはいけない」ということになる。この精神が、小さなドゥブロブニクを守っていくことになるので、よく覚えておいていただきたい。

旧市街には、この街の守護聖人である聖ヴラホが上から見守っているピレ門と呼ばれる要塞の門から入っていく。観光客でごった返している。数十人ごとに人の塊ができており、その塊ごとにさまざまな言語が飛び交っている。聴き取れただけでもドイツ語、英語、フ

ランス語、日本語。さすが「アドリア海の真珠」と呼ばれるだけのことはある。

人垣を通り過ぎると、街のメインストリートであるプラッツァ通りに入る。人影がすべて足元の石畳に映り込んでいる。私は通りのショップの店員たちが毎日磨きあげているのかと思っていたが、昔から多くの人々が行き来したので自然と磨かれてピカピカになったのだという。このドゥブロブニクの繁栄の象徴ともいえる通りは、実は陸地と島の間を埋め立てたところで、元々は小さな海峡だったのだ。小島に移り住んでいた人々は陸地のスラブ人に金貨を支払い、ブドウ畑などを耕して暮らしていたが、お互いの関係が良好なものになると、陸地と島は橋でつなげられた。12世紀にはローマ人とスラブ人の街は合併し、海峡は埋め立てられた。そこが現在のプラッツァ通りというわけだ。異なる民族の境界線が、街を東西に貫く280メートルのメインストリートになったというのも、いい話だ。

この通りの周辺には、ドゥブロブニクの歴史がつまっている。ピレ門から入ってすぐ右手の広場には「オノフリオの噴水」がある。いくつもの彫像の口元からは、15世紀に完成し、今も使われている公共水道の水が流れ落ちている。陸地と島がつながり、狭い地域に人が密集すると伝染病が心配になる。そこで大陸側の山から湧水《ゆうすい》を引き、水道を建設したのだ。港には伝染病検疫所を設け、当時のヨーロッパでは最も早く、高い水準の公衆衛生を実現している。

そして左手の「聖フランシスコ修道院」には、ヨーロッパで3番目に古いという薬局があり、昔ながらの薬瓶の陳列棚が並んでいる。ただし、置いてある商品は現代のもので観光客たちが買い求めていた。良い香りが漂っていたので、おそらく香水だろう。

プラッツァ通りの突き当たりにある「ルジャ広場」には、剣を持つ騎士「ローラント像」が立っている。中世ヨーロッパの各地に伝わる伝承によると、ローラント像は自由と独立の象徴とされてきた。ドゥブロブニクでは、議会での決定や法律の布告が、この像の前で読み上げられ、裁判の判決もここで市民に告げられたのだった。

そして面白いことに、ローラントの右腕半分の長さ、肘《ひじ》から手までの51・2センチメートルが「ドゥブロブニクの肘」と呼ばれ、商取引の際に使う長さの単位の基準になっていた。もし買った織物などの長さを誤魔化されたと思った者は、市民であれ、外国の商人であれ、この肘で長さを確かめ、不正を訴えることができた。誰もが使える公共の広場の像で、物が測れるというのは素晴らしい知恵だ。

15~16世紀には、ドゥブロブニクにもイスラムの大国「オスマン帝国」の脅威が迫ってきていた。これに対して、まずは街の周囲の要塞を増強し、守りを固めた。しかし一方で、戦うことなく武力を放棄した。相手は超大国、とても勝てる見込みがないからだ。

それではいったい、どうやって生き延びたのか……？

古文書館にその手がかりがあると聞き訪れてみると、文書の束が棚いっぱいに積まれている。その中から当時の外交記録を見せてもらった。すると、オスマン帝国からの領収書があった。ドゥブロブニクは、オスマン帝国に上納金を差し出していたのだ。毎年払っていたその額は、1万2500ドゥカット。金40キログラムに相当する大金だ。

歴史家の、ヴェスナ・ミオヴィッチさんに解説してもらった。

「たとえて言うなら、オスマン帝国は大きくて危険なライオン。ドゥブロブニクは小さな蟻です。でも小さな蟻には、知恵がありました。オスマンにはヨーロッパと貿易するための有能な商人が必要でした。ドゥブロブニクが、その役を担ったのです。そして、オスマンがヨーロッパと戦争中でも、中立国として貿易することができたのです」

さらに、巧みな外交交渉でオスマン帝国から有利な条件を引き出したと、ヴェスナさんは外交文書をめくりながら話を続ける。

「この協約書に重要なことが記されています。この箇所です。ドゥブロブニクはどの国とも『自由に』貿易ができると、オスマンの皇帝が認めているのです」

上納金を支払うことで安全を保障され、したたかな交渉術で自由に貿易することを許された。これは地中海の国々の中で、唯一、ドゥブロブニクだけが得た特権だったのだ。また、ヨーロッパとイスラムを行き交うするドゥブロブニクの商人たちは、各国の情報を得ることができ、それも取引に役立てた。

ヴェスナさんは、こんな記録があることも話してくれた。

「オスマン帝国が穀物を売ることをやめた時には、こんな交渉をしました。『私は、フランスの軍隊が地中海のどこに、どれくらいの船を配備しているかを知っている。教えるかわりに我々に穀物を売ってくれますか？』。もちろん、取引は成立しました」

ドゥブロブニクは、まずは「貿易の自由」を獲得し、さらには独立した「国家としての自由」を勝ち取ったのだ。地中海を航海するドゥブロブニクの船には旗が掲げられていた。そこに描かれた文字、それが“LIBERTAS”、「自由」だったのだ。この“LIBERTAS”は最初におとずれたロヴィエナッツ砦に刻まれていた言葉だ。

ところで、この街は１９９１年に旧ユーゴスラビアからの独立をめぐる内戦で、中世からの貴重な街並みが壊滅的な被害を受けている。守護聖人のヴラホ像や剣を持つ騎士のローラント像の一部も破壊され、ユネスコはドゥブロブニクを危機遺産のリストに掲載した。

内戦が終わり、ユーゴスラビアからの独立が認められると、市民はすぐに街の復旧にとりかかった。古文書を調べ、破壊された建物の様式を守り、同じ石材を集め、すべてを元通りに修理し、復元しようとした。

中世の造形技術を甦《よみがえ》らせるために、昔の道具をつくることから始めた。ドゥブロブニクの再建には、専門家の指導のもとで、ひとりひとりの市民が積極的に参加し、海外からのボランティアも応援した。こうして、昔と同じ形、同じ色の瓦を使って破壊される以前の街の姿が甦った。そして1998年、戦禍から7年後にドゥブロブニクは危機遺産から脱することができた。この時に、街路に集まって喜び合う市民たちのニュース映像はとても感動的だった。

甦った今の街中に戻ってみると、広場に子供達が集まっている。都市の自由と独立の象徴とされている伝説の騎士、ローラント像の前で先生と話している。

「自由！　ドゥブロブニクでは特別で何よりも大切なことでした。人々は自由を守るために何をしましたか？」

「金で買ったり、敵と話し合ったりしました！」

「そうです。自由を守るためには、市民はなんでもやりましたね」

地元の小学校の課外授業だ。ドゥブロブニクでは、小学校3年生からこの街の歴史を教えるのだという。別れ際には子供達から、取材チームはまた教えられてしまった。

「『どんな黄金に換えても、自由は売り渡すな』って、この街の砦に書いてあるんだよ！」

ベネチアが、干潟を利用して敵を翻弄《ほんろう》し、陸や森に進出したのに対して、ドゥブロブニクは「自由」を掲げて、小さな国が生き残るための知恵を絞った。

ドゥブロブニクには古くから歌い継がれている詩がある。

麗しく、愛《いと》しく、香ばしきかな
自由よ
汝《なんじ》は全能の神が与えたもうた贈り物
真理と我が栄光の源
ドゥブロブニクの一つの飾り
すべての金銀でもっても
人命でもってしても

汝が清き美しさにはかなうまい！

（国民的詩人　グンドゥリチ作／1628年）

そんな歴史を経てきたドゥブロブニクの夜は眩《まばゆ》かった。プラッツァ通りの裏通りにあるレストランは、どこも満席で、牡蠣《かき》、ムール貝、エビなどの魚介類を客たちが頬張っている。通りの突き当たり、旧総督邸のバルコニーはライトアップされ、そこではロックバンドのコンサートが開かれ、人々は手拍子を打ち、踊りに興じている。

その姿はまるでドゥブロブニクの合言葉〝LIBERTAS＝自由〟を、今まさに謳歌《おうか》しているかのようだった。

宮殿は俺たちのもの～スプリト（クロアチア）～

〈09年6月　世界遺産への招待状〉

こんな世界遺産は、他では見たことも聞いたこともない。古代ローマ帝国の皇帝の宮殿を、市民たちが自由に改築して使い始め、いつの間にやら、それが街となっているのだ。

ドゥブロブニクからアドリア海を北に上り、およそ160キロメートルの個性的な港町が〝スプリト〟だ。海岸通りが広々と走り、日除《ひよ》け傘とテラスが並び、リゾート地の趣だ。宮殿はどこにあるのかと裏通りに入って探し回ったが、道はどんどん狭くなり、まるで迷路のようだ。どこまで行っても、宮殿らしきものは見つからない。

市の観光局で、上空からの写真を見ながら説明してもらった。赤瓦の屋根が並んでいるのはドゥブロブニクと同じだが、スプリトの人口はおよそ20万人弱と大きい。「四角に見えるところが宮殿だ」と言われるが、簡単にはわからない。目を凝らして見渡すと、ようやく宮殿の壁らしきものが見えた。かつての宮殿は四角く高い壁に囲まれて独立していたが、今は周囲に建物ができて、ひとつの街になってしまったのだ。観光局のヴィンランドさんはあっさりと言う。

「観光客の皆さんに『宮殿はどこですか？』とよく聞かれるんですよ。ここは、宮殿の中に一般市民が暮らしているから、わからないんでしょうね」

あらためて街の中を歩いてみると、広場の前にひときわ古く、大きなテラスがある建物が見える。そこは皇帝が市民に挨拶《あいさつ》をするための舞台、「宮殿テラス」だった。いわば、お立ち台だ。ここはほぼ完璧《かんぺき》な姿で残っており、土産物を売る店が並んでいる。200人近くが収容できたという地下の大広間は、周囲5メートルにもなる石を積み重ねた柱が並び、皇帝の宴会場として使われていたという。腰を痛めていた皇帝の専用浴室も残っている。

305年に、この宮殿を建てたのはディオクレティアヌス（在位284年〜305年）。彼は自ら皇帝の座を退くと、故郷のサロナに近いこの地に、いわば別荘としての宮殿を建てて余生を送ったのだ。当時は自分から引退する皇帝は滅多におらず、勢力は衰えず多くの人々が陳情に訪れたりして宮殿は賑《にぎ》やかだったようだ。

しかし、5世紀に古代ローマ帝国は衰退し、遂には滅亡してしまう。宮殿も廃墟《はいきょ》となり、そこに人々が押し寄せ、街へと発展していくプロセスが面白い。7世紀に、近くの街が他民族の襲撃を受けた。街を追われた人々が逃げ込んだのが、この宮殿だったのだ。城壁があり、守りが堅かったのでどこよりも安全だった。いわば難民たちが住みこんだことから、街が始まったのだ。まずは城壁を壁として利用し、どんどんと家が建てられた。大きな門を入ると大通りが広がっていたが、その通りは必要ないとばかりにびっしりと家々が建てられた。今でもこの門は堂々と残っているが、そこをくぐるとすぐに小さな路地が続く街になっている。

今、宮殿の階段にはクッションが置かれ、カフェテラスとして利用されている。ローマ時代の遺跡の真ん中で、コーヒーを楽しめるというわけだ。ウェイターも「お客さんも多いし、いつも賑わっていて、ここで働けるなんてとても名誉なことです」とにこやかだ。

新しく建てられたというホテルも、遺跡の壁をそのまま使っている。銀行のロビーには、宮殿時代の柱が残り、格式を与えている。ブティックでは、床に宮殿の石をデザインしてはめ込んでいる。古代の石がおしゃれなインテリアとして使われているのだ。女性の店員は「世界中から訪れる観光客の皆さんは、皇帝の宮殿の中にこんな店があることが、とても面白いみたいです」と、こちらもにこやかだ。

窓から宮殿テラスを見下ろす家に住んでいる女性は、「ローマ帝国の皇帝が選んだ場所なんですよ。この街が世界で一番素晴らしいという証明でしょう」と楽天的だ。スプリトの人たちは、遺跡と上手に付き合いながら暮らし、その良さを楽しんでいる。

しかし見方をかえれば、皇帝の宮殿を自分たちの街に変えてしまうなんて、スプリトの人たちは実に逞《たくま》しいともいえる。

その逞しさが最もよく表れている建築物は、街の中心にあるスプリト大聖堂だ。現在はキリスト教の大聖堂だが、もともとはローマ皇帝の霊廟《れいびょう》だった。かつては中央に皇帝の棺《ひつぎ》が置かれ、周囲には古代の神々の彫像が立っていたという。現在の聖堂の管理人は、こうコメントする。

「ここに移り住んだ人たちはキリスト教徒だったから、教会が必要だった。でも新しくつくるお金がない。そこで考えた。霊廟から皇帝の棺を持ち出して、キリスト教の祭壇を置き、マリアさまを拝んだんだよ」

皇帝の霊廟も自分たちの都合の良いように利用してしまう。かつて自分たちを支配したローマ帝国の皇帝であり、しかもキリスト教徒を迫害していたということで、こんな仕打ちをしたのかもしれない。それにしても、あまりにも敬意がなさ過ぎる。

大要塞の壁の上に、ローマ時代の彫刻が残っており、実は、その中に皇帝を描いたレリーフがある。スプリトの開祖ともいえる、古代ローマ帝国皇帝ディオクレティアヌスは、自らの霊廟の変わり果てた様子を見て、どんな想いにかられているのだろうか……。

そんな感慨をべつにすれば、1700年以上も前のローマ遺跡と、市民の日常生活が隣り合わせにある面白さは、スプリトをおいて他にはないだろう。

71人の彫像～シベニクの聖ヤコブ大聖堂（クロアチア）～

スプリトと同じアドリア海の東岸、岬の奥に、街が現れた。小高い丘に広がったシベニクの街だ。丘の斜面には、赤い瓦屋根が連なり、その中で白いドーム状の屋根がひときわ映えている。それが今回の舞台、〝聖ヤコブ大聖堂〟だ。この大聖堂の壁面には、一般の市民71人の顔が、ズラリと掲げられている。内部には祭壇もあるれっきとした聖堂の壁に、なぜ俗世間の人々が登場したのだろうか。

その謎を解いてくれたのは、中世の衣装をまとい、手には弓矢や棒を持った、市民劇団の人々だった。大聖堂前の広場で、その誕生の物語を演じてくれた。

時は15世紀にさかのぼる。市民の念願だった大聖堂の建設が決まり、シベニクは有能な建築家を探していた。いかめしい役人が、1枚の紙を手に口上を読み上げる。

「紳士各位、および市民の皆様、シベニク市はついに、地元の巨匠を見つけました。建築家ダルマティナツです。完成すれば世界に類を見ない、美しいものになるでしょう！」

建築家の名は、ユーライ・ダルマティナツ。クロアチア出身で、イタリアでその才能を開花させた。立派な大聖堂を造りたいという市民に請われて彼がやってきた。

天才建築家ダルマティナツが手に持つ図面に従って、人々は石を穿《うが》ち、ノミを打つ。美しい女性がおごそかに口上を読む。

「貴族も平民も願いは一つ。大聖堂の完成を見届けること。白亜の大聖堂よ、そびえ立て！」

大聖堂の建設には、市民たちが自ら働き手となってダルマティナツに協力し、寄付を募った。途中、戦争や疫病が街を襲い、困難を極めたが、市民たちは一丸となった。建築家ダルマティナツは、市民のその姿に感動し、感謝し、みんなの顔を彫刻にして、大聖堂の壁を飾った。

こうして100年の歳月をかけて、1555年に、ルネサンス様式をいち早くとり入れた聖ヤコブ大聖堂が完成した。

現代の地元の建築家、ミヤスラヴ・シュクゴールさんが、71人の彫像について語ってくれた。

「これは画期的なことでした。神聖な聖人しか飾ることのできなかったキリスト教の聖堂に、初めて俗世間の人間たちが描かれたのです」

その顔はさまざまだ。子供もいれば、女性もいる。高齢者もいれば若者もいる。表情も豊かだ。

「この顔は軍人、おそらく将軍だったのでしょう。特徴的な髭《ひげ》を生やしているので、位の高い軍人だったとわかります。こちらの顔は間違いなく僧侶《そうりょ》ですね。この帽子は聖職者だけが身に付けるものだからです。これはおそらく農民でしょう。階級を示すこれといった特徴がないからです」

これらの顔は、大聖堂の建設に力を尽くした市民の代表として飾られたものなのだ。キリスト教建築史上、聖人や聖書の物語ではなく、俗世間の人々の肖像が描かれているのは、この聖ヤコブ大聖堂をおいて他にはないという。

1991年、ドゥブロブニクと同様に、シベニクも旧ユーゴスラビアとの内戦状態に陥った。街は政府軍に包囲され、激しい攻撃を受ける。71人の彫像は、板や砂袋で覆われて守られた。しかし、大聖堂のドーム状の屋根は傷ついた。内戦が終わると、傷ついた大聖堂はすぐに修復されることになり、そのプロジェクトのリーダーを務めたのがシュクゴールさんだ。

ルネサンス時代の建築工法を調査してみると、屋根の石板はお互いに支え合う構造になっていた。傷ついた石板を取り換えるためには、屋根をすべて取り外さなければならなかった。そうしないと、ドームが崩れてしまうのだ。中世と同じ工法で、修復作業は慎重に進められ、大聖堂は見事に復活した。ドームの内側から見ると、色が薄い石板が新しく取り換えた部分だとわかる。その白さに、修復作業を率いたシュクゴールさんと、市民たちの気持ちが込められているかのようだ。

ヨーロッパの人たちの、大聖堂に寄せる想いには熱いものがある。イエス・キリストへの信仰心だけでなく、どんな大聖堂を持つかがその街の格を決めるかのようだ。シベニク市民劇団の人々が、この項の冒頭で紹介した劇のために作った詩の中にも、その想いが込められている。

石からあの世の夢を作りだし
日々の暮らしの苦悩を和らげ

美を夢見て、束の間のこの世を生きる弱き者たちは
その手と肉体を使って丘と格闘した
彼らは石を砕いて高く持ち上げ
強い力で街まで運ぶ
月日が過ぎて建物は姿を現し
ある者は死に、新たな命が生まれる
すべての者が大聖堂を想う
農民たちは畑で
船乗りたちは海原の白帆の下で
家々では女たちや元気な子供たちが語らい
大聖堂はすべての者たちの脳裏にあった
貴族も平民も願いは一つ
大聖堂の完成を見届けて死ぬ
白亜の大聖堂よ
まだないときから、人々は想い描いた

夜明けの街並みの上にそびえ
大聖堂が
美しい丸屋根と軀体《くたい》をみせているのを

丘の上の独立国家~サンマリノの歴史地区（サンマリノ）~
〈09年9月　世界遺産への招待状〉

イタリア半島では、丘の上に小さな街が点在している。平地ではなく、あえて山の上や丘の上に街がつくられているのには理由がある。

そもそもイタリアという国は19世紀になって生まれた国で、それまでは数多くの都市がそれぞれ独立した国家としてモザイク状に存在していた。この章で取り上げたベネチアや、フィレンツェなども一つの国家で、互いによその国だったのだ。

群雄割拠の都市国家同士は、激しい戦いを繰り返し、それぞれに自分の支配地域を広げようとしていた。こうした状況のなかで、丘の上という地形は敵が攻撃を仕掛けにくく、身を守るのに有利だった。しかし19世紀に入ると、民族統合の動きが強まり、都市国家を束ねて、イタリアという一つの国に統合されたのだ。

ところがそのなかで、たった一つだけ独立を貫いている国がある。サンマリノ。片側が切り立った崖《がけ》のような岩山で、もう片側の比較的なだらかな斜面に、街、いや国が広がっている。崖の頂上からはあのアドリア海を眺望することができ、美しい三つの塔が立ち並び、街を見守っているかのようだ。この市街地および周辺一帯が世界遺産に登録されている。

サンマリノ、丘の上の街

サンマリノの人口は麓《ふもと》の街を入れても3万人。広さとしても、日本でいえば十和田湖《とわだこ》や八丈島《はちじょうじま》と同じ程度の面積しかない。それでも国連に加盟しているれっきとした独立国だ。消費税がないので、多くの観光客がショッピングに訪れ、中心地の坂道には人の波が続く。なかでも人気なのが、独自に発行しているサンマリノの切手だ。またかつては独自のコイン「サンマリノ・リラ」を発行してコインコレクターの人気を集めた。この国はＥＵの正式な一員ではないが、ユーロは流通しており、ユーロコインの片面には独自のデザインをすることが認められている。このコインも希少性からか、収集家たちからの人気が高い。いずれにしてもＧＤＰ（国内総生産）の多くは年間に２００万人も訪れるという観光収入である。ほかには銀行業、電子産業、窯業があり、おもな農産物はワインとチーズというお国柄だ。

サンマリノは古い歴史を持つ国で、起源は西暦３０１年だといわれている。その国名は3世紀に、マリヌスという名の石工が、ローマ皇帝によるキリスト教徒迫害から逃れて、この地に潜伏、キリスト教徒の共同体をつくったという言い伝えに基づいている。

日本では国会議事堂にあたるプブリコ宮の中にある議場には、キリスト教の聖人マリヌスの像が描かれている。開国以来、人々はマリヌスが語った言葉を大切に独立を守ってきた。

「あなたたちを何者からも解放する」

誰からの支配も受けない、自由だということだ。

この国では中世から続く政治システムが今も守られており、これが極めてユニークだ。議会の正面には、国の代表である「執政」の椅子が二つ並んでいる。サンマリノには国の代表が二人いるのだ。しかも、6ヶ月ごとに定員60名の国会議員たちの互選によって選ばれる。毎年4月1日と10月1日の二回、就任式が執り行われる。執政の二人はモーニングに身を固めて神妙な顔をして歩き、両側に国会議員たちが古式ゆかしい揃いの帽子を被《かぶ》って行進する。

国のトップが二人いて、6ヶ月ごとに交代するという体制は13世紀の文献にはすでに記されており、独裁を許さないための工夫だとされている。同じ都市国家ベネチアと考え方は同じだ。私たちが取材した際に選ばれた二人は、一人が水道ガス局の職員、もう一人は会計士だった。サンマリノでは、国会議員も執政もプロの政治家ではない。ほかの職業を持つ、ごく普通の国民なのだ。執政になると「閣下」という称号で呼ばれ、6ヶ月間の任期中は仕事を休み、執政に専念する。

取材チームは、過去に執政を経験した人を国民の中で探し、なかなかいい人物にたどり着いた。クラウディオ・ムッチョリさん。2005年10月1日から半年間、執政を務めた。最初に会ったのはサッカー場だった。背が高くて体格も良く、黒い髪で日焼けもしている。

どうみてもサッカー選手かコーチのように見えるが、サンマリノチームの専属ドクターなのだ。たしかに練習が終わると、選手のマッサージをしたり、体調を気づかっている。サンマリノ国立病院の医師でもあるクラウディオさんは、選手の怪我の手当てや精神面のケアを一手に引き受けている。

日を改めてクラウディオさんの自宅で、ゆっくりと執政体験について話を聞いた。任期中には、アメリカを襲ったハリケーン・カトリーナの被害に援助金を送ったり、トリノオリンピックの開会式にも出席したという。それまでの暮らしと変わったのは、ちょっとした買い物に出る時にも必ず報告をしなくてはならないこと、そして、車の運転を禁止されたこと。そんな面倒な規制もあるかわりに、特権もあったという。お付きの人がいて、生活のすべての面倒を見てくれる。しかし、それに慣れてしまうと大変だという。執政を終えた翌日のこと、道を渡ろうとして車に轢《ひ》かれそうになった。それまでの半年間は、お付きの人が必ず道の安全を確認してくれていたからだ。車の運転も下手になっていて、木に激突しそうになったと言い、懐かしそうに、いやむしろ嬉《うれ》しそうに笑う。屈託のない好人物だ。

最も感動した想い出を、クラウディオさんはDVDで見せてくれた。バチカンで、ローマ教皇ベネディクト16世に謁見した時の映像だ。行列の中で、クラウディオさんだけが一人、きょろきょろしている。

「いや、フレスコ画が素晴らしかったんです。ここにしかない最高の芸術品ばかりだったので驚いていたのです」

クラウディオさんは続けた。

「これは教皇に謁見した時です。この時のために自分は生まれてきたんじゃないかと思ったくらいです。本当に素晴らしい体験でした。感動したというより、とても良い気分でした。自分の家にいるような気分でした。自分にとって、すべてが自然であるというか。とても穏やかでした。国の代表としてキリスト教会のトップと会えたことは、普通の人でも執政になれるサンマリノだからだと思います」

教皇と、それぞれの国の代表との公式な面会時間は一人12分から15分だったという。ところが教皇が誰とどれくらいの時間、話したかをメモした表を後で確認すると、自分たちが最も長かったという。二人で行ったので、他の人より長く話すことになったのだと言って、クラウディオさんはまた嬉しそうに笑った。

6ヶ月間を二人の執政が務める、という制度について質問した。

「6ヶ月では短すぎると言う人はたくさんいると思います。たった6ヶ月では何もできない、と。でも、この6ヶ月間はとても集中していて、密度の高い時間です。全身全霊をかけて、少しでも良くなるようにと頑張ります。二人で仕事を分担するのですから、第一政務官、第二政務官というシステムにはなっていますが、二人の価値は同等です。これは古代ローマの執政の概念を踏襲しています。ローマ時代も二人の政務官がいました。一人に権力が集中しないようにするためです。お互いに権力を分け合うことで、互いに権力を管理し、抑制し合っているのです」

それにしても、なぜサンマリノが激動のヨーロッパにあって、何世紀にもわたって独立を守ってこられたのだろうか。それは、これまで幾度もチャンスがあったにもかかわらず、領土を拡大する野心を持たなかったからだ。

サンマリノの国民なら誰もが知っているエピソードがある。公文書館に、18世紀の末に、あのナポレオンから届いた手紙が保管されている。当時ナポレオンは、サンマリノが戦略的に重要だと考え、接近を図ってきた。

私はあなた方の小さな国に素晴らしい提案をします
あなた方は我々に税金を払う必要がありません
そしてフランスと同じ権利が与えられます
さらに4つの大砲と10万キログラムの小麦を差し上げます
　尊敬と友情を込めて
　　　　　　　　　　　ボナパルト

公文書館の担当者は語る。

「サンマリノはこのナポレオンの提案をきっぱりと拒否しました。何世紀もの間、サンマリノが領地を広げないようにしてきたのは、他の国から狙われないためです。いわば『目立たない態度』に徹してきたのです。サンマリノが求めたのは、土地の広さではありませんでした。小さくても自由で独立していることだったのです」

ベネチアの場合は、大航海時代が幕を開け、ポルトガルやスペインなどの大国が直接アジアや中南米から物資を獲得するようになったことで、中継貿易が振るわなくなっていく。そして最後には、ナポレオン軍に降伏してしまう。そのナポレオンの提案をサンマリノは袖にしたのだ。

その後、イタリアをはじめ、周辺のヨーロッパ各国は、古い歴史を持つサンマリノを尊重し、あえて併合や従属を求めなかった。

20世紀に入り、サンマリノは周囲には左右されない、独立国家としての誇りを示す行動を起こした。

第二次世界大戦中、イタリア半島ではドイツ軍と連合国軍が激戦を繰り広げていた。その中でサンマリノは中立を表明。国民は屋根に白い十字を描いて中立であることを示した。間違って空襲されないようにするためだ。中立国サンマリノには、周囲のイタリアからおびただしい数の人々が戦火を避けて流れ込んできた。その時、サンマリノの人々は自宅や教会を開放して、そうした人々を受け入れた。

当時、サンマリノの人口は1万3000人だったが、流れ込んできた難民はなんと10万人にも達した。とても自宅開放では足りず、あふれた難民たちを鉄道のトンネルに収容したのだ。トンネルの中は雨風をしのぐことができ、もし爆撃されても安全だ。家族ごとに仕切りが設けられ、多数のベッドが置かれた。さらにサンマリノは自国民に対する小麦の配給を1日50グラムに抑え、トンネルの難民にも同じ量の小麦を配給した。そして、状況が好転するまでの数ヶ月間、国民の10倍近い10万人もの難民を養いきった。

この小さな国は、本気で平和を求める国であることをはっきりと示したのだ。

サンマリノは、日本と世界一を競う長寿国でもある。２０１１年の統計では、男性の平均寿命が82歳で世界一、女性が84歳で世界二位だ。その名も「微笑みの大学」と呼ばれる年配者向けの学校があり、時事問題から文化まで幅広く講義が行われている。

元執政で医師のクラウディオさんも「微笑みの大学」の講師の一人。この日は新型インフルエンザについての講義が行われていた。ところが、皆おとなしく聞いてはいない。

「わたし、こないだニューヨークに行っちゃったんだけど、もう感染しちゃったかしら？」

「わたしたちにはウイルスの方が逃げるわよね」

明るく笑い合っている。クラウディオさんも「インフルエンザは気をつけなくてはなりませんが、ここにいる人たちは大丈夫そうですね」と笑って返すしかない。ただ、そのやり取りにはまったく嫌みがなく、皆さんとても品が良い。

モザイク状に存在していた都市国家はベネチアにしろ、ここサンマリノにしろ、それぞれの国特有の文化と個性が輝いている。そんな国々がひとつになったイタリアが、世界中で最も世界遺産が多い国であることに、納得できるような気がしてきた。

スラムからの脱出～司教都市アルビ（フランス）～

〈11年2月　世界遺産への招待状〉

アルビの旧市街は、大聖堂も美術館も、そして商店や住居までも、すべて煉瓦《れんが》で建てられている。夕方になると、その街並みに夕日が当たり、かすかにバラ色に染まっていく変化が美しい。ヨーロッパの旧市街といえば、堅牢《けんろう》な石造りの街並みが常識だが、なぜこの街は煉瓦なのだろうか。

そしてもうひとつ、この街には「国家建造物監視官」なる人物が常駐しているという。どんな権限を持ち、どのように住民たちに接しているのだろうか。

アルビはパリからおよそ550キロメートル。フランス南西部でスペイン国境にほど近い。中世、ローマから派遣されたキリスト教の司教が治めていたことから、司教都市と呼ばれていた。フランス南西部のローマ・カトリックの中心地であり、13世紀からおよそ200年をかけ、荘厳な聖セシル大聖堂が築かれた。高さは78メートルあり、外壁は無数の煉瓦を積み上げて作られているが、壁は厚いところで6メートルもある。煉瓦と煉瓦の間に、街を流れるタルン川の石が多数まぜられて、強度が保たれている。

外観の重々しさとはうってかわって、内部は繊細な彫刻やフレスコ画が美しい。フレスコ画の色彩が、修復もせずに保たれているのは、当時の煉瓦が手でこねられて焼かれていたので、通気性が高く、湿気やカビに強かったからだという。

もうひとつの魅力は、かつて貴族階級だけがミサを行うために作られた内陣が残されていることだ。きめ細かな彫刻が施された豪華な囲いだ。かつてはどの大聖堂にもあったものだというが、ほとんどはフランス革命後に壊されてしまった。

大聖堂の隣には歴代の司教が住居として使っていた司教館があり、そこは現在、地元出身の画家ロートレックの美術館になっている。パリの下町と踊り子や娼婦《しょうふ》たちの日常を描いた絵画が、重々しい司教館に陳列されているのも、なかなかオツなものだ。

通りを歩くと、4、5階建ての建物が並んでいる。だいたい1階は店舗になっており、2階と3階が住居で、4階は窓がなく下の階から空気が通るようになっている。かつてはタルン川を使っての染色に使われたパステルという植物を干していたのだという。16世紀から建てられてきた、この家並みもすべて煉瓦造りだ。それはアルビでは建築資材になる良い石が取れなかったからだという。

代々受け継がれてきた、この煉瓦の街並みにもピンチが訪れる。第二次世界大戦後の荒廃からなかなか立ち直れず、人々がどんどんと旧市街から郊外へと移り住んでいった。空き家が多くなり、電気を止められた住宅も増えた。街は次第にスラム化し、通学途中の子供たちも危険だからと旧市街を避けるようになっていた。確かに当時の写真を見ると、白い灰を被ったように薄汚れている。この状況を何とか打開しようと、市役所から旧市街の再開発計画が発表される。煉瓦造りの街並みを壊し、新しい街にしようという計画に、かつての住民たちが一斉に反発する。自分たちの故郷を守ろうと、世界的に著名な眼科医とロートレックの姪《めい》をリーダーに「旧市街保存会」が設立された。愛着のある土地へとかつての住民たちも戻り始め、由緒ある家を買い取り、店を開く人もでてきた。

しかし、私が計画のなかで最も驚かされたのは「低所得者用住宅」の開発だった。

「Mixité Sociale」を標語に、上層階級が多い旧市街で使われていない煉瓦の建物を低所得者用に改装して、安く貸すという事業だ。日本で伝統的な家並みというと、アーティストに使ってもらうとか、京都の町家のように外国人向けの宿泊施設にするなど、きらびやかで社会的なアピール効果を狙うケースが多い。それとは正反対の発想であることと、現代でも実は階層社会のフランスで、各階層が一緒に暮らそうというコンセプトの半官半民の住宅開発会社があることにも興味をひかれた。実際に見せてもらったが、煉瓦の建物に木の窓枠があしらわれ、外観はちょっとしたホテルのようだ。55平方メートルで月5万円、まあまあの家賃だろうか。

現在の旧市街保存会の代表は、スラムから脱却した司教都市アルビの煉瓦の街並みが評価されて世界遺産に登録されるまでの半世紀を、三期に分けて説明してくれた。第一期は「市の再開発計画への反発期」。第二期は「市と保存会との相互扶助期」。そして、第三期は「市を中心とした世界遺産運動期」。それにしても、スラム化した街を50年後には、世界遺産にまで到達させたのだから、たいしたエネルギーだ。

旧市街が復興していく中で、郊外から煉瓦の家に引っ越してきたペイノーさん一家を番組では取材している。17世紀に建てられた家を、1階は長男が営む眼鏡店に、2階はお嬢さんが住み、3階に70歳代のご夫婦が暮らしている。エレベーターはないので、上り下りは階段だが、これが〝ルイ13世様式〟とシックなものだ。「こういう古い階段は手をかけてあげないとダメになってしまいますから」と夫人のクロード・ペイノーさんは、毎日磨くのが日課になっている。

この家はクロードさんの実家で、23歳の時に夫のミッシェルさんと結婚し、実家を離れ、アルビ郊外で暮らしていた。しかし、30年前に父親が亡くなり、クロードさんがこの家を相続することになった。

クロードさんは幼い時からの親しみのある家で暮らしたいという思いが強かった。ただ問題はルイ13世様式の階段をはじめとした補修と、家族が快適に暮らすための改装に、2500万円の費用がかかることだった。

それでも一家が受け継いできた家を手放すことはできないと、補修費用を捻出《ねんしゅつ》するために、アルビ郊外の家を売るように夫を説得した。夫のミッシェルさんは、郊外の家でヤギを飼い、牧歌的な暮らしを楽しんでいた。

「私への愛ゆえに夫は家を売ってくれたの。それでここに引っ越すことができたのです」

と、クロードさん。

ミッシェルさんは揺り椅子に腰かけ、一杯飲みながら、ニコニコと妻の話を聞いている。結局ペイノー家の場合、補修と改装費用の4分の1は市から、国からも4分の1が出て、自己負担は半額で済み、めでたく妻クロードさんの実家への引っ越しが実現した。

ところでフランスには、アルビのような歴史的な街並みを保存していく上で、大きな役割を果たしてきた制度がある。フランス全土の4万以上の歴史的建造物の周囲500メートル四方について、あらゆる建設や土地利用が規制されている。アルビでいえば、聖セシル大聖堂を中心にして半径500メートルの旧市街ということになる。この法令は1943年、第二次世界大戦中に公布されている。当時フランスはナチスドイツに占領されており、首都はヴィシーに置かれ、議会の承認を得ずして公布された法令だ。この時代に発布された法令は、戦後ほぼすべてが無効にされているが、この歴史的建造物の周囲を保存する制度だけは、今日まで存続している。フランス人の、自分たちの歴史や文化への愛着の強さが、このことからも判る。

この法令を生かすため、各地で「景観の番人」として働いているのが「国家建造物監視官（ABF:Architecte des Bâtiments de France）」だ。各県に一、二人ずつ配置され、フランス全土で150人ほどいる。タルン県の県庁所在地であるアルビには、日本でいえば一級建築士のパトリック・ジロネさんが常駐している。ジロネさんは28歳の時からこの〝ABF〟を目指し、30歳で試験に合格した。この時、およそ250人が受験し、10人ほどが合格したという。アルビに赴任して最初に取り組んだのが、看板の規制だった。当時は、大きすぎたり、派手な電飾を使ったりしている看板が至るところにあったという。ジロネさんは、古い薬局の看板を参考に、アルビにふさわしい独自の基準を作った。

「看板の大きさは最大40センチメートル四方」

店を改修する時も、看板の大きさをこの基準内にしなければ、工事に許可がおりなくなったのだ。

ジロネさんは小柄で眼鏡をかけ、威厳があるというタイプではない。しかし毅然《きぜん》として、ショーウィンドーのポスターでも、景観を乱すものには改善するように指導したという。

「住民が何も考えずに看板をかけたら、街並みの調和はすぐに乱れてしまいます。美しい景観を保つためには、日々の努力の積み重ねが欠かせません。その方向を示すのが私の仕事なのです」ときっぱりと語る。

番組取材中に、ジロネさんが関わっていた仕事は、聖セシル大聖堂前の住宅の壁の塗り替えだった。もともと壁は煉瓦の上に漆喰《しっくい》が塗られていたが、劣化が激しく、どんな色だったのかが判らなくなっていた。家主のセイセーさんと話し合い、周囲の景観に合うような色に決める仕事だ。

ジロネさんは「私は薔薇《ばら》の花びらの色、ややローズがかったベージュが理想ですね。グレーはダメだと思いますよ」。一方、家主のセイセーさんは「いやいや、全体を見渡すと、既に調和はとれているので、あえて微妙な差をつけた方が良いと思いますよ。ここはあえてグレーを入れて、ベージュはやめましょう」と、二人の意見は対立した。

ジロネさんには、〝ABF・国家建造物監視官〟として命令を下す権限はある。しかし、二人は何度も場所を変え、街並みを見ては話し合い、梯子《はしご》を上ってはまた話し合いと、かれこれ1時間ほどが経った。結局、二人が主張したベージュとグレーを、試しに壁の一部に塗ってみることになった。

「大聖堂の目の前にある住宅の修復ですから、慎重に考えなければいけません。納得がいくまで対話を続け、時間をかけるのは当然です。ぜひとも大聖堂に合う景観をうまく作りだしたいですね」とジロネさん。

後日、結論を聞いてみると、ジロネさんが提案した薄いベージュ色に決まった。家主のセイセーさんも納得したという。

「確かにいろいろと束縛されて大変だけれども、不満があれば旧市街の外に住めばいいし、制約があっても不満はありません。アルビの旧市街は、街並みや景観が大切にされている場所です。ここに住んでいるからにはある程度の制約は当然ですよ」とセイセーさんは言う。

私はジロネさんの仕事をもっと知りたいと思い、夕食を共にした。フランスにおける景観保全の歴史や、国家建造物監視官の制度についてなど、懇切丁寧に話してくれた。ワインも飲み、そろそろデザートといった頃合いに、何気なく私が尋ねた。

「もし、日本に来ることになったら、まずどこに行きたいですか？」

するとジロネさんは即座に「アキハバラ」と答えたのだ。私は奈良や飛驒《ひだ》高山《たかやま》などの伝統的な場所を想像していたので驚き、「なぜですか？」と聞き返した。するとジロネさんは「あそこはなんでもありのところが面白い。まさにアキハバラ（秋葉原）は現代アートです」と言いながら「僕を日本に招待して連れて行ってくださいよ」と悪戯《いたずら》っぽく微笑んだ。そして、少々しんみりとした口調で話を続けた。

「僕だって、いつも伝統だとか歴史だとか言っていても、そんなことばかりでいいのだろうかと不安になることだってあるんですよ」

ジロネさんの意外な答えに驚きながら、気持ちのどこかでホッとしている自分がいた。

私は、アルビ旧市街の煉瓦造りの旧家に住むご主人の、とある一言がきっかけとなって、数年後に再びアルビを訪れることになる。その一言とは「観光客の人たちに、どのようにして煉瓦造りの住居を見せてあげたらいいかが悩みなんですよね」。生活の場を、誰にでも簡単に見せるわけにはいかない、という意味だ。それは私が保存活動などに関わっている、福島県喜多方《きたかた》市の「蔵ずまいの旦那衆《だんなしゅう》」たちの悩みとまったく同じだった。喜多方には、旦那たちが心血を注いで建てた〝蔵座敷〟が多い。その暮らしぶりと文化を観光客に公開するわけにはいかず、観光客は道路から蔵を眺め、喜多方ラーメンを食べて帰ってしまうのだ。

煉瓦も蔵も同じ悩みを持ち、しかも「土の文化」。私は交流をしたら有意義だと考え、「喜多方蔵の会」のメンバー20名とともにアルビを訪れたのだった。アルビの市長と副市長が先頭に立ち、喜多方からの面々と意見交換会を開いた時のことだった。喜多方市役所から参加したメンバーが質問した。

「ペイノー家が煉瓦造りの家に移り住むときに、補修費の4分の1が市から出た、というが一般市民の理解をどのように得ているのですか?」
副市長は質問の真意がよく理解できず、後ろを向いて担当者たちとしばし話し合ってい
た。そしてきっぱりと正面に向き直り、「市民はみんな『アルビの街の個性は煉瓦の街並
みだ』と思っていますから、そこに税金をつぎ込むことに反対は全くありません」。
質問をした喜多方のメンバーは、副市長の答えに衝撃を受けていた。喜多方の歴代の市
長はいつも「蔵は個人の財産であり、それに税金を投入することはできない」と言ってき
たからだ。そのギャップの大きさに「アルビと喜多方とでは、根本的に何が違うのだろう
か?」と質問した市役所職員は悩んでいた。
このことは、私にとっても永遠のテーマだ。

第Ⅶ章　外国人のニッポン発見

苔が杉を育てる〜屋久島・自然遺産（日本）〜

〈14年　世界遺産　ドリーム対決！〉

屋久島にフェリーで近づいていくと、海の上に壁ができたかのように、山の連なりが見えてくる。九州《きゅうしゅう》最高峰の宮之浦岳《みやのうらだけ》（1936メートル）をはじめ、1000メートルを超す山々が46座もある。そんなことから「洋上のアルプス」とも呼ばれている。その高低差から、東京23区と同じ広さの中に、九州から北海道までの気候が同時に存在している。沿岸部は、亜熱帯の植物が見られる温暖な気候。内陸の標高1000メートルまでは日本有数の豊かな照葉樹林が広がり、その上は屋久杉を中心とした原始的な森だ。

山を登っていくと、森のすき間のなさに驚かされる。ありとあらゆる空間を目指して植物が芽生えている。ひとつの杉の切り株の上から、別の命が何本も空を目指して育っている。かつてアニメーション映画の巨匠、宮崎駿《みやざきはやお》監督が「もののけ姫」の舞台として、この島をモデルにしたというが、全くあの映画と同じ風景が広がっている。しかし屋久島は、花崗岩《かこうがん》が海底から隆起して姿を現した島で、90パーセントは岩の固まりだ。歩いている足元を見てみると木の根っこが露出していて歩きにくい。土がないために、根を張れないのだ。そんな島にどうして雄大な大自然が育《はぐく》まれているのだろうか。

そんな屋久島の、特別な自然環境の素晴らしさを、島の若者たちに伝え、世界に知らせたのが、アーネスト・ヘンリー・ウィルソン（Ernest Henry Wilson）博士だ。世界中の珍しい植物を発見する「プラント・ハンター」として活躍していたウィルソンは、ハーバード大学アーノルド植物園の依頼で日本への調査旅行に出発、妻と娘を伴って来日した。

1914年2月3日、予定より2日遅れてウィルソン一家は横浜の港に到着した。情報を得るために訪れた東京帝国大学付属小石川《こいしかわ》植物園で耳にしたのは、日本の南方に位置する小さな島の名前だった。「屋久島――そこには、太古の巨大な杉が今なお野生のまま生息している」。ウィルソンは急遽《きゅうきょ》予定を変更して、日本探検の最初の一歩を、その島からスタートすることにした。妻と娘を東京のホテルに残し、林野管理局の職員、通訳を伴い、フィールド・ワーク用の装備一式を持って旅立った。

ウィルソンは、屋久島での山の案内、荷物の運搬、そして食事の用意などのために、地元の若者を1日2円で雇った。若者たちは揃って綿入れの着物に脚絆《きゃはん》、地下足袋《じかたび》という装いだった。若者たちは、ここからは神の領域とされる祠《ほこら》に手を合わせ、手慣れた様子で背負子《しょいこ》に荷物をのせて森の奥へと登っていった。現存しているウィルソンの手書きのフィールド・ノートはこの時、2月18日からはじまっている。この時代は、登山道はなく、森林官が使うために丸太を敷いた手作りの道があるだけだ。宿泊施設はもちろんなく、簡素な山小屋に寝泊まりしての調査だった。地元の若者の一人は背中に大きな釜《かま》を背負っていたというが、それはウィルソンが疲れを癒《いや》すための五右衛門風呂《ごえもんぶろ》だったというから気が利いている。

屋久島といえば、最も有名なのが縄文杉だ。世界最大の太さをもち、幹のまわりは16メートルもある。樹齢は2600年と推定されている。もちろんウィルソンも高さ40メートルの巨大杉に出会っている。そして、杉の切り株にも注目している。朽ちた古木を養分にして若い杉が育っている様子だ。屋久島では海からの湿った風が、1000メートル以上の山肌をかけ上がり、雲となって大量の雨を降らせる。「1ケ月に35日間、雨が降る」という言い方もあるくらいだ。そうやって湿った大地は「苔《こけ》」に覆われる。ウィルソンはこう書き残している。

「屋久島は『苔の王国』だ。苔類が花崗岩や切り株、朽ちた木の幹を隙間なく覆い、森を築いている」

根が張らない花崗岩の大地でも、横たわった古木や切り株を土台にして、まるでスポンジのように水分を蓄えた苔が、所狭しと繁茂する木々を育てているのだ。日本に自生する1600種の苔のうち、600種ほどがここにあり、さらには「ヤクシマ」と名のつく固有種が16種もある。雨に濡《ぬ》れた苔はこよなく美しい。深い緑がしっとりと見える。

もうひとつ屋久島では、マイナスをプラスに変える作用が働いている。土壌が貧弱なために、杉はゆっくりとしか成長しない。普通の杉が1年に1センチの年輪を作るのに比べて、屋久島ではたったの1ミリだ。そのおかげで樹脂の密度が高く、腐りにくいために、長寿の大木となるのだ。1000年以上経っているのはたんなる杉ではなく〝屋久杉〟と称号がつく。縄文杉は特別で、今では展望台から見ることしかできないが、登山道で出会う屋久杉には、じかに触れることができる。何かそれだけで〝力〟をもらったように元気になるから不思議だ。

さて、ウィルソンの森でのフィールド・ワークに戻ろう。地元の若者3人が、全行程に同行していたが、その中に牧次郎助《まきじろすけ》という料理が上手な若者がいた。川で獲《と》ったウナギの蒲焼《かばや》きや山菜を調理して喜ばれ、ウィルソンから〝ジロさん〟と呼ばれて特に可愛がられていた。

次郎助はある晩、通訳を介しての、ウィルソンと森林官との会話が耳に入ってきた。

「あれは洞窟かもしれないね」

「まさかあんなところに洞窟はないはずです。首を突っ込んだら中に引き込まれるかもしれませんよ」

「明日もう一度、あの場所へ行って調べてみよう」

翌日、身支度を整えると一行は川沿いをしばらく上流に上り、細く険しい獣道のような小路を辿って標高１０３０メートルまで一気に登った。樹木の枝が幾重にも頭上で交差する下には、地衣類ですっぽりと包まれた森が続いていた。朝露が少しずつ夜の帳を引き上げていく一条の光の中に、高さ4メートルほどのこんもりとした巨岩のような塊が見えた。ウィルソンが洞窟だと思ったのも頷ける。それはツタ類、菌類やたくさんの植物を身にまとい、南方にぽかっと大きな口を開けていた。24メートルほどの高さの杉が3本、護衛の兵士のように周りを取り囲んでいる。にわかには信じがたかったが、近寄ってよく見ると、稀に見る巨大な屋久杉の切り株に間違いなかった。

森林官が、切り株の表面をびっしりと覆っていた植物を切り払おうとしたその時、ウィルソンは厳しい口調でその動きを制した。

「ダメだ。切らないで、そのままに」

そして、植物を1種類ずつ丁寧に採取すると綿の古布に大事そうに包んだ後で、時間をかけて切り株のサイズを測った。「胸高周囲 50ff（52メートル）」とウィルソンはフィールド・ノートに数字を書き込んでいる。

株の中に足を踏み入れると、そこは大きな空洞になっていた。「広さは31・4㎡」畳20枚ほどにもなる。屋久島の森で現存する最大のものだ。内部には木製の祭壇と、囲炉裏の跡が残っており、かつてこの森が神聖な場所だったことを彷彿とさせた。

『ウィルソンの屋久島　１００年の記憶の旅路』古居智子著（ＫＴＣ中央出版）より抜粋

この巨大な屋久杉は、16世紀末に豊臣秀吉《とよとみひでよし》の命により、京都の方広寺《ほうこうじ》を建立するために切り倒され、献上されたものではないかといわれているが定かではない。伐採前の樹高は50メートルほどであったと考えられる。

ウィルソンは、イギリスの最新鋭の箱型蛇腹式のフィールド・カメラを山に持ち込み、丹念に木々や風景を撮影していた。その時に木々の大きさが判るように、横に人を立たせることが常だったが、この巨大杉の切り株の時には、4人の男たちをシンメトリーに配置している。その4人の中には身の回りの世話をやいていた3人の若者が入っている。特にお気に入りの「ジロさん」こと牧次郎助は、株の左上に写っている。ただ単に寸法を測るためではなく、記念写真のような趣だ。

ウィルソンは、屋久島で57枚の写真を撮影していたが、それらはハーバード大学で大切に保存されていた。写真を著書で日本に紹介した古居智子《ふるいともこ》さんは「彼の言っている言葉が100年後に、そしてこの風景が残っているのかということを、危惧《きぐ》しながら撮っています。今の私たちに言っているのだなと。そういう長い時間のスパンで捉《とら》えなきゃいけないということを、彼は教えてくれているのだと思います」と語る。

かつて屋久杉は斧《おの》で切り倒すのに、7人掛かりで10日もかかった。しかしチェーンソーが導入されると、20分足らずで切り倒されてしまう。第二次世界大戦後、屋久杉は国の計画により大量に伐採され、耐久性のある建材として出荷されていた。現在でも出荷に使われたトロッコの線路が、登山道の一部になっている。海外から安い木材が入るようになると伐採事業は終了し、自然保護の気運の高まりとともに、屋久杉は保護されることになった。そしてウィルソンが実質的な再発見者となった切り株は、後に〝ウィルソン株〟と呼ばれるようになり、今では縄文杉と並ぶ観光スポットだ。特に中から切り口がハートに見える場所があり、恋が叶《かな》うパワースポットとして若い女性に人気が高い。

　１００年以上経った現在では、屋久島でウィルソンゆかりの人は少ない。私は、ただひとりウィルソンに付き添っていた若者の、牧次郎助の息子さんに会うことができた。

ウィルソン株

小学校の校長まで勤めあげた実直そうな息子の牧市助《まきいちすけ》さんは、見つかった写真で、ウィルソン株の一番上の方にいる父親の姿を見て、うれし涙がでてきてしまったという。森の中で、毎晩のようにたき火を囲みながら、ウィルソンが若者たちに語っていた言葉を父親から聞いていた。

「屋久島の山は今まで見たことがないほど貴重な山だ。あなたたちのような青年が、屋久島の山を守るようにしなければいけない」

父親の次郎助さんは、もともと南米に移住する夢を抱いていたが、ウィルソンと出会ってから気持ちが変わり、屋久島で山仕事で生計を立てていた。息子の市助さんは、教育者としてウィルソンの想いを、子供たちに伝えてきたという。

ウィルソンは、屋久島の自然に夢中になり、10日間も滞在した。そして帰国後、『日本の針葉樹』と題する論文を発表し、多くのページをさいて屋久島の素晴らしさを、はじめて世界に紹介した。

「世界のどこより、これほど豊かな植生に出会ったことはない」

アーネスト・ヘンリー・ウィルソン
※参考引用文献『ウィルソンの屋久島　100年の記憶の旅路』古居智子著（KTC中央出版）

それは〝空虚〟ではない～龍安寺ほか（日本）～

〈15年1月　世界遺産ドリームツアー！〉

日本の庭園は、西欧の左右対称や幾何学模様のような理路整然とした形式とか、色とりどりの花が咲き誇るといった華麗さを競うものとは、まったく趣が違う。「これはいったい何なのだろう？」という反応もある一方で、「これだからこそ海外の人々の興味をそそる」という魅力も秘めている。

取材チームは京都で外国人向けにツアーガイドをしている烏賀陽《うがや》百合《ゆり》さんに、禅僧でもあった夢窓疎石《むそうそせき》の進言でできたという天龍寺《てんりゅうじ》の池を中心にした回廊式の庭を例にとって、説明する際のポイントを聞いた。

まず、庭の向こうにある嵐山《あらしやま》の風景を背後に持つことで、庭そのものに広がりを感じさせていることを「借景（Borrowed landscape）」という言葉で説明する。これにはほとんどの外国人がフムフムとうなずく。狭い国土の日本ならではの手法といえるのだろう。

そして、池の向こうの山の斜面には、木々と共にいくつもの石を組み合わせて滝の流れを表現している。ただし、そこに水はまったく流れておらず、「枯滝」と呼ばれている。さらに石組みの中ほどには「鯉魚石《りぎょせき》」と呼ばれ、流れ落ちる水に逆らいながら滝を登っていくような石が配されている。これは実際には滝が流れているわけでもなく、石も鯉の姿に彫られているわけではない。この造形は鯉が滝を登って龍になるという、悟りを得るとも天下を獲るとも解釈される故事、「登竜門」にちなんだものだ。

それを日本では「見立て」と呼ぶ手法だと説明しても、今度はフムフムとはいかず、「あの石が鯉だ」というところで、首を横に振って「ウソでしょう?」と反応する人がほとんどらしい。番組のリポーター役はハーバード大学卒のアメリカ人で、東京工業大学でコミュニケーションと国際関係を教えているパトリック・ハーランさん（「パックン」の名前でお笑い芸人としても活躍）。だが、彼も「外国だったら鯉は鯉の形にちゃんと彫刻しますよねぇ」とどちらかというと外国人側に立つ。ただ、烏賀陽さんは「日本の庭園は見る側にイマジネーションを必要とする庭なんです。ですから見えている庭の背後にあるストーリーであったり、日本の文化であったりがいいのだと思います」と譲らない。たしかにこの庭を造った夢窓疎石の考えは「引き算の文化」だと言える。西欧が彫刻を施してどんどんとビジュアル化していくのに対して、こちらは削《そ》いで削いで、できるだけシンプルにすることで本質に近づこうということなのかもしれない。

いまや、日本人だったら知らない人はいないだろう龍安寺の「石庭」は、敷きつめられた砂利の上に、15個の石が配されている。一見すると殺風景とも言えるが、ある外国人の一言によって、枯山水庭園の代表格になったといっても過言ではない。

１９６６年に、20世紀を代表するフランス人思想家のサルトルが来日した時のことだ。彼は2年前に開通したばかりの新幹線に乗っても、誰もが悦《よろこ》ぶ富士山《ふじさん》を見ても、まったく反応を示さなかった。ところが京都を訪れ、この龍安寺の石庭の前に座り、ある言葉を発した。

「これは空虚ではない。濃密だ」

サルトルが絶賛したことで、石庭は世界的に知られるようになっていく。その評判を聞きつけたのか、自ら行きたいと申し出たというイギリスのエリザベス女王も、１９７５年に訪れている。その時の映像が残っているが、水色のツーピースと優雅な帽子に身を包み、普段は観光客が座り込んで眺める廊下に椅子が置かれて、そこに座って観賞している。そこで、女王陛下が発せられた言葉は一言。

「私には、わからない」だったという。

もう一人、著名な外国人で龍安寺の石庭を愛していた人物がいる。携帯電子機器の革命児と呼ばれる、スティーブ・ジョブズだ。彼は青年時代から、日本の禅に特別な関心を持ち、たびたび来日していた。彼は「仏教、とりわけニッポンの禅宗はすばらしく美的だ。

なかでも龍安寺の石庭が素晴らしい。その文化が醸し出すものに強く心が動かされる」と語ったといわれる。ジョブズは携帯電子機器の開発に没頭していた時期にも、幾度かこの庭を訪れている。そして晩年、病に侵されてからは、家族とともに、西芳寺《さいほうじ》の庭を歩く姿が見られるようになっていた。ここは別名「苔寺」と言われ、参道から橋から地面まで、すべてが緑の苔の絨毯《じゅうたん》で敷きつめられているようだ。西洋の庭では脇役にすらなれない苔が、ここでは主役になっている。ジョブズがこの庭で何を想い、何を考えたのか、今となってはわからないが、きっと自らの心を安らかにさせるものがあったのだろう。

スティーブ・ジョブズと同じように、庭と向き合い、対話をしてもらおうと前述の「パックン」に龍安寺の石庭前の廊下に1時間ほど座ってみてもらった。

はじめの頃には、珍しい形をした石を発見したりと面白がっていたが、じっと見続けていると、戦争の焼け跡が浮かんできたとか、石庭の石が動き出したなどと言い出した。

「『ドゥワー』と伝わるような、波が押し寄せてくる感じなんです。ここから浮かび上がるものは多分、自分の心の中にあるものなんですよね。最初に見えてなかったものが見えてくるけれど、それはもともと自分の心のなかで隠れていたものなんですよね」

外国人タレントとして、日本を見続けるパックンは、この庭をこうまとめた。
「京都の庭は、目で見るというよりも心で見るものなんですね。『スピリチュアル（精神的）・ワンダーランド』ですよ」

女性の初登頂者は誰か？〜富士山（日本）〜

〈14年1月　世界遺産　ドリーム対決！〉

「フジヤマ・ゲイシャ」「フジヤマ・トビウオ」などと言われて、美しき名山として外国人にもその名を知られた富士山。２０１３年に「信仰の対象と芸術の源泉」の山として、ついに世界遺産に登録された。

今では、山開きのわずか2ヶ月間に30万人が訪れているが、そのうちの半分は女性だという。私が登った時も、若い女性がジーンズ姿で飛び跳ねるように登っていく姿が印象的だった。

ところがこの富士山、江戸《えど》時代の資料には「女人禁制」だとはっきりと記されている。女性が登ると富士山の怒りを買い、天変地異が起きると考えられていたのだ。富士山は過去に「延暦《えんりゃく》の噴火」「貞観《じょうがん》の噴火」「宝永《ほうえい》の噴火」と三度にわたって大爆発を起こしている。富士山を怒らせると自分たちに甚大な被害が及ぶと信じられ、なんとか山の神の怒りを鎮めたいと人々は念じていた。日本人にとって富士山は、ただ姿が気高いだけではなく、神仏が宿る山として畏怖《いふ》の念を抱かせ、その信仰を一身に集めていた。「富士講」と呼ばれる信仰があり、溶岩が作りだした洞穴で、禊《みそぎ》をして心身の穢《けが》れを落としてから登る。白装束に身を包み、登りながらも「六根清浄」と唱えて、心身を清めている人々の姿が現在でも見られる。

そんなことから、富士山の登山道には女人改所《あらためじょ》が設けられ、女性はそれ以上登ろうとしても役人に阻止されていたのだ。それではいったいいつから女性も登れるようになったのだろうか？　そして、そのきっかけとは何だったのだろうか？

幕末の見聞筆記に「英国人妻召連富士登山（イギリス人、妻を連れて富士登山をする）」という記録がある。なんと、タブーを破ったのは外国人女性だったのだ。日本駐在の第二代イギリス公使、ハリー・パークスが、女性の初登頂で世間をあっと言わせようと妻同伴の登山を計画したのだ。外国人による登頂そのものはその7年も前に、前任者のオールコックが既に成し遂げていた。それを皮切りにスイス、アメリカ、オランダの外交官が競うように登頂に成功していた。「それらに負けない新たな成果を」と考えたパークスは、妻を伴った登山を認めるよう、幕府に対して強く迫った。幕府としては、重要な賓客でもある大英帝国の外交官の申し出を、むげに断ることができなかったのだろう。

結局、夫人のハナ・パークスを含むイギリス登山隊10人の登頂を幕府は認めた。ところが驚くことに、この一行に幕府は34人もの役人を警護役として付け、さらに馬を伴う荷物持ち100人を用意したのだ。それはまるで大名行列並みで、もちろん日本側の経費はすべて幕府の負担。女性が登るという初の試みでもあり、何かアクシデントがあれば外交問題になると、特に神経を尖《とが》らせたのだろう。

そして、1867年10月7日。女性を含む登山隊の一行が村山浅間《むらやませんげん》神社に集まった。ここは富士山に向かう人々の禊の場で、流れる水で男たちは上半身裸になって体を洗う。パークス夫妻は、ここで初めて日本人の富士山信仰に触れたことだろう。神社の裏手から伸びる最も古い登山道、「大宮《おおみや》・村山口《むらやまぐち》登山道」を一行は登った。1906年に廃道となり、現在は整備されていない。しばらく登ると石段が見えてきて、そこにはかつて休憩のための小屋や、登山に必要な金剛杖の販売所などがあった。現在でも石の祠だけが残っており、ここは「馬返し」と呼ばれている。ここからは自分の足だけで登らなくてはならず、それと同時に重要なことは、女性はこれ以上登ることが許されなかったことだ。ハナ・パークスはここから女性初となる一歩を踏み出したことになる。

この馬返しから、現代は車で行ける5合目まではまだ4時間ほどかかる。パークス夫妻に同行していた医師のウィリアム・ウィリス（１８３７年〜１８９４年）は、本国に宛てた手紙の中でこのように記している。

「私の最大のニュースは１万４０００フィートのフジヤマに、それも雪と氷の真っ最中に登頂したことです」

10月の富士山といえば、もう雪の季節なのだ。女性の登頂を許可した幕府としては、できるだけ人目につきにくい季節にしたかったのかもしれないが、そのあたりの事情は明らかになっていない。

さらに医師のウィリスは「随行してきた幕府の役人たちは全員途中で脱落しました。あまりの寒さに耐えられなかったのでしょう」と記している。

警護に付いた役人たちが先に下山してしまうということは一体どういうことだろうか。一団の服装は綿入れの長袖《ながそで》に着物（どてら）程度で、防寒具としてはあまりにも貧弱だった。それに比べればイギリス人登山隊（アメリカ人も二名含まれていた）の服装は、ツイードやウールのジャケットで、かなりましだった。また「登りきるぞ」という強い意志もあったのだろう。結局、150人近い日本人は全員途中で下山、外国人登山隊10人だけで頂上を目指したのだった。

7合目あたりまで登ると、眼下には雲海が広がる。パークス一行は、このあたりで野営をした。溶岩の陰に身を寄せ合い、持参してきた炭で暖をとった。天候には恵まれず、パークス夫妻はご来光を拝むことはできなかったが、午前10時頃に天候は回復した。

そして、1867年10月8日午後1時、ハナ・パークスを含む登山隊は見事に富士山頂に立った。同行した医師のウィリスは次のように書き記している。

「パークス夫人が、大変な疲れの中で登り切ったことは、本当に信じられません」

無事、麓《ふもと》まで下山した一行を見た日本人たちは、その中に女性の姿があることにさぞ驚いたことだろう。在留イギリス人向けの新聞「THE　FAR　EAST」にも「Lady Parkes, reached the summit of Fuji-yama」と書かれた記事が載った。そして、登頂成功から1ヶ月も経たないうちに、寺社奉行所宛に「女性の富士山入山許可」を求める申請書が出されている。

英国人女性のハナ・パークスが登ったからといって、富士山が怒って大噴火を起こすことはなかった。天変地異も起きていない。幕末の混乱の中で時間がかかったのかもしれないが、5年後の1872年(明治5年)、「女人禁制」は明治新政府によってついに解かれた。いまや、男であろうが女であろうが、国籍も関係なく、誰もが富士山登頂の感動を共有できるようになった。

イギリス人外交官ハリー・パークスの功名心からのトライアルだったのかもしれないが、それが富士山をみんなのものにするきっかけになったのだった。私が登った時も、山小屋のテラスで、眼下の夜景を眺めながら、英語、フランス語、韓国語、もちろん日本語もと、さまざまな言語が飛び交い、「Mt. Fuji」がいかにインターナショナルで、また日本を代表する名山であることかを実感したのだった。

ところで……。実は、ハナ・パークスの登頂以前に、こっそりと日本人女性が登っていたのではないかという噂があった。いくら男尊女卑の時代ではあっても、「私だって登ってみたい！」という女性がいて当然だ。その事実が判明したのは、30年ほど前に、ある研究者が古文書のなかに見つけた一つの記録からだ。１８３２年（天保《てんぽう》3年）というから、ハナ・パークス登頂の35年前にあたる。

「高山《たかやま》たつ」という女性がこっそりと富士山登頂を成し遂げた。登ったのは10月下旬の人目につきにくい時期で、髷《まげ》を結うなど男装していたという。いつの時代にも豪気な女性はいるものだ。

しかし、きちんと幕府の許可を取った公式な登頂としては、ハナ・パークスが「女性初」であり、同時に「外国人女性初」であることに変わりはない。

私たちは、特集番組「世界遺産／ドリーム対決！」で、イギリス人女性でスポーツインストラクターの澤田リンジーさんに、ハナ・パークスが登ったのと同じ10月7日、同じルートで山頂を目指してもらった。

8合目くらいからは「すごく具合が悪くなって、ものすごく頭が痛くなりました」と言い、山頂に立ってからはニコニコとしていたが、「空気が薄いせいか、頭がくらくらしますね」と言っている。ハナ・パークスは冬間近の中での野営も大変だっただろうが、いわゆる高山病にも悩まされたのではないだろうか。

そしてリンジーさんは「最後は『自分には登り切る責任がある』という強い気持ちがあったからこそ、頂上まで到達できたのではないでしょうか」とハナ・パークスの強い気持ちを想像して話してくれた。

〝銀の島〟を狙え〜石見銀山遺跡（日本）〜

〈07年10月　プレミアム10石見銀山〉

島根県といえば、松江《まつえ》や出雲《いずも》大社の歴史が醸し出す艶《つや》やかなイメージが強く、多くの人が訪れる。私もご多分にもれず、この2か所を訪れた後に国道9号を浜田《はまだ》方面に向かい、〝石見《いわみ》銀山〟を目指した。1時間も走るとのどかな風景になってくる。日本はどの地方の国道も、道路沿いに自動車販売のディーラーやガソリンスタンド、そして大型ショッピングセンターやパチンコパーラーなどが並び、画一的で無味乾燥な感じで楽しめない。しかし、ここ島根は違っていた。癪《しゃく》に障るような派手な看板もほとんどなく、古き良き日本に来たような穏やかな気持ちになったことを覚えている。まだ石見銀山が世界遺産に登録される前の2006年のことだから、今はもう変わっているのかもしれないが……。

そんな風景をさらに分け入り、緑に囲まれた山間に、400年前に西欧の列強から注目を集めた〝石見銀山〟はあった。

その時に一般公開されていた坑道は「龍源寺間歩《りゅうげんじまぶ》」だけだったが、最盛期には600以上の間歩があり、銀鉱石を掘る人、精錬する人、流通に携わる人などが行き交い、それは活気に満ちた場所だった。

ここでは3万人もの人々が働き、16世紀後半には石見だけで年間40トンの銀を生産し、日本全体では世界の3分の1を占めていたと言われている。

石見の精錬法は「灰吹法」と呼ばれ、日本の鉱山の発達に大きな影響を与えた技術だった。銀鉱石に鉛を加えて溶かし、まず銀と鉛の合金を作ることで不純物を取り除く。その合金を動物の骨などを燃やして作った灰の上で加熱していくと、鉛は灰の中に吸収され、あとに純銀が残る。この方法によって大量の銀を生産することが可能になったのだ。まさに〝シルバーラッシュ〟だ。当時の町の賑《にぎ》わいを伝える記述には、家の数2万6000、寺100ヶ寺とあり、大きな鉱山町があったことがうかがえる。

石見銀山は、島根県西部の大田《おおだ》市にひろがっている。鉱山の遺跡と、鉱山で栄えた頃の雰囲気が残る町並みと、銀を港に運ぶために開かれた街道、そして銀を外国にまで流通させるための港などを含み、２００７年に〝石見銀山遺跡とその文化的景観〟として世界遺産に登録された。

銀は船に積まれ、まずは博多《はかた》や長崎へ運ばれた。日本海《にほんかい》に面したその小さな積み出し港には、たくさんの「鼻繰岩」と呼ばれる丸く掘られた岩が点在する。船のもやいをそこに巻きつけて係留するために加工したのだ。なんとも可愛らしく、当時の様子がしのばれる。石見銀山で大量の銀が産出されているという情報は、この小さな港からは想像できない、西欧にまで伝わっていた。

16世紀にポルトガルで作られた日本地図。まだ丸っこく太り、正確ではないけれど、その中国《ちゆうごく》地方にこう記されている。「Hivami」。ポルトガル語で「いわみ」と発音される。そして、その上に「Argenti fodinae」。ラテン語で「銀鉱山」という意味だ。

この地図を最初に見たときに、私は大きな発見をしたように感動した。４００年以上も前に、日本が西欧社会にデビューした最初の地が、石見だったのだと感じたのだ。

その頃、ヨーロッパではスペインとポルトガルが覇権をかけて競い合う「大航海時代」の幕が切って落とされていた。ローマ教皇によって、世界地図に1本の線が引かれた。スペインは西に、ポルトガルは東にという「トルデシリャス条約」だ。ヴァスコ・ダ・ガマによって、アフリカ最南西端の喜望峰《きぼうほう》をまわってインドへと向かう航路が開かれ、その先に、「銀の島」ニッポンがあったのだ。

ポルトガルで、日本の銀が古くから知られていたことを示す詩が残されている。ポルトガルを代表する詩人のルイス・デ・カモンイスが1572年に出版した「ウズ・ルジアダス」と題された叙事詩だ。

ウズ・ルジアダス　10章131節

見知らぬ地は、その姿を隠し、われわれの望みを妨げる
自然はみずから誇らしげに、姿を見せかけた島を語る
はるか中国より遠くに位置し、中国を通って渡りつく島
それは純銀を産む日本
神は島を明るく照らすだろう

この叙事詩には「Prata Fina＝純銀」という文字がはっきりと書かれている。この詩が物語ることは、ポルトガルで日本が銀に輝く魅力的な島国として知られていたということだ。

取材チームがポルトガルを訪れると、当時の日本との交易を伝える絵が、ポルトガル国立古美術館に残されていた。「南蛮屏風絵《びょうぶえ》」だ。主席学芸員で南蛮屏風研究の第一人者であるマリア・コンセイソン・ソーザさんは「これは長崎の港だと考えられています。黒船が港に着いて積み荷を降ろしているところですね。描かれている日本人は、みんなこの船の到着を喜んでいるようです。待ちかねていたヨーロッパやインド、中国の品物がようやく運ばれてきたからでしょう」と、まず絵の概略を解説してくれた。だが、重要なのは絵の片隅に描かれている男と天秤《てんびん》だ。「ポルトガル人が、天秤でなにかを量っているところが描かれています。これはかなり重要なものを量っているところで、間違いなく、銀の重さを量っているのだと思います」とソーザさんは教えてくれた。

日本で積み荷を降ろした帰りには、貴重な銀を持って帰るということだ。

当時のポルトガルの貿易ルートは、インドのゴアからマラッカ、マカオへと延びていた。

さらにマカオから日本の長崎に延びており、これが幹線ルートだった。マカオから長崎へは主に中国の生糸が運ばれ、長崎からマカオへは日本の銀が運ばれていたのだ。

ポルトガル領として長い歴史を重ねてきたマカオ。1999年に中国に返還されたが、今でもポルトガルの香りが漂い、セナド広場や日本を追われたキリシタンが建設に加わった聖ポール天主堂跡などが、世界遺産に登録されている。この時代にポルトガル船が頻繁に出入りしていた港には、銀が到着し、中国に売られていた。当時の中国が、なぜ大量の銀を必要としていたのだろうか？　取材チームは日本と中国の貿易史について長年研究を続けている、歴史家の黄天さんに聞いた。

「明《みん》王朝時代、日本の銀は、その大半が中国に流れていました。1530年以降、流通貨幣を銀にしたからです。しかし、実は中国ではほとんど銀が採れません。日本からきた良質の銀は明王朝の経済を活性化し、さらに銀の需要が増えたのです」

その頃に中国で使われていた「馬蹄銀《ばていぎん》」という貨幣は、日本の貨幣のように平べったいものではなく、反り返っているような造形で、しかも大きい。大量の銀が必要なはずだ。

明王朝は当時、倭寇《わこう》の密貿易を押さえるために外国との貿易を禁止していた。ところが、マカオにいたポルトガル人にはこの法令は及ばない。彼らは自由にマカオを拠点にして中国人との取引を行うことができた。日本の銀は人気が高く、中国では高値で取引された。銀が欲しい中国と生糸が欲しい日本との間で、ポルトガルは「仲介貿易」を重ね、元手が何十倍にもなる利益を得ていたのだ。

ポルトガル語の辞書に「Faibuki」という言葉がある。発音は「ハイブキ」。「上等の銀」という意味だ。石見銀山で大量の純銀を生産することを可能にした「灰吹法」からきている言葉だ。大航海時代を牽引《けんいん》していたポルトガルの繁栄のある部分は、日本の銀によって支えられていたのだ。

そして、日本に馴染《なじ》みが深い人物も、銀をめぐる交易に関わっていた。日本に最初にキリスト教を伝えたと言われるイエズス会の宣教師、フランシスコ・ザビエルだ。ザビエルが日本から書き送った手紙のなかに、こんなことが記されている。

「銀や金がたくさんあります。大変高価に売れる商品のリストを同封します。神父が来る時に、このリストにある商品を持ってくれば、莫大《ばくだい》な銀や金で儲《もう》けるに違いありません」

ザビエルは、ポルトガル国王ジョアン3世がローマ教皇に依頼をして、アジアへの派遣が決まった。翌年にリスボンを出発した時から、キリスト教の布教だけでなく、ポルトガルの国家プロジェクトのミッションも負っていたのだ。

　そしてザビエルが、来日して最初に腰を据えて布教に励み成果を挙げたのは山口だった。日本最初のキリスト教の教会は、この場所で誕生している。山口は、この頃に石見銀山を開発し支配していた戦国大名、大内義隆《おおうちよしたか》のお膝元《ひざもと》だった。ザビエルはポルトガルの正式な使者として、大内義隆に面会をして貢物を渡している。

　ザビエル以降の宣教師たちの姿は、南蛮屏風のなかに見ることができ、彼らが南蛮貿易で重要な役割を果たしていたことを物語っている。布教の一方で、積極的に商業活動に乗り出し、日本の実力者たちとの関係を築いていったと思われる。


　海外でそれだけの注目を集めていた石見銀山を、戦国大名たちがほうっておくわけがない。中国地方では、この銀山をめぐって大内氏、尼子《あまこ》氏、毛利《もうり》氏による争奪戦が繰り広げられていた。戦いの舞台となった山を、石見からも望むことができる。いち早く鉄砲を導入して決着をつけたのは、毛利元就《もうりもとなり》だった。

　しかし時代は下り、関ヶ原《せきがはら》の合戦に勝利した徳川家康《とくがわいえやす》は、そのわずか10日後に石見銀山をおさえ、ここを「天領」、すなわち直轄地とした。日本と世界を経済で結びつける石見銀山は時の権力者にとって欠かせないものだったのだ。徳川家康は、この鉱山により江戸幕府に強力な基盤をつくることができた。

一方、大航海時代の勢力図も移り変わり、ポルトガルに代わってオランダが台頭していた。オランダは江戸幕府が鎖国をしたその年に、日本から90トンを超える銀を持ち出している。

そして石見銀山は、幕府を支える役割を果たしていったのだ。

第Ⅷ章　ラストメッセージ

〈09年5月　世界遺産への招待状〉

クジラと生きる〜エル・ビスカイノのクジラ保護区（メキシコ）〜

クジラが人間に寄ってくる。クジラに触れる。そんなことを経験した人は滅多にいないのではないだろうか。ところが、それが実現する海があるというのだ。

メキシコ西部にある「カリフォルニア半島」の太平洋《たいへいよう》側にその海はある。この海のことは少し後に譲って、この半島は南北１２００キロメートルもある細長い半島で、メキシコ本土との間には、世界遺産に登録されているカリフォルニア湾がある。ここも類《たぐい》まれな海洋生物の宝庫だ。ここでは体長30メートル、体重２００トンもある地球最大の生き物「シロナガスクジラ」を見ることができる。この巨大生物を、オキアミが養っている。海面に赤く大きな筋のように見えるオキアミの大群は、湾に注ぎこんでいるコロラド川からの栄養が育《はぐく》んでいる。

そんな自然の作用で大量発生したオキアミを、シロナガスクジラは海面で大きく口を開けて、一飲みにしてしまう。

次に私たちが目指したのは、細長いカリフォルニア半島中央部の険しい山中だ。そこでもクジラを見ることができる。カリフォルニア半島の真ん中は2000メートル級の山々が連なっている。山に分け入ると空気が涼しく感じる。半島に住んでいた先住民は夏になると、この地へ移動してきたという。

取材チームが到着した村は、まるで西部劇にでも出てきそうな殺伐とした雰囲気を醸し出していた。ここが世界遺産、〝サンフランシスコ山地の岩絵〟への出発地だ。アメリカのような地名が多いが、ここはれっきとしたメキシコ。世界遺産が列をなして並んでいる。山中で、イエズス会の宣教師が洞窟《どうくつ》内の壁や天井に岩絵を発見した、紀元前100年頃〜後1300年頃に描かれたと推定されている。

岩絵の洞窟には、車ではまったく近づけない。日帰りは無理で、キャンプの道具も必要だ。ラバで移動し、荷物はロバに運んでもらう。サボテンが生えた荒野を進む。目の前に広がるのは、深さ400メートルの大峡谷で目がくらみそうだ。この行程が撮影計画のなかの安全面で最も注意を促したところだ。石がゴロゴロしていて、ラバが一歩足を滑らせたら大変なことになるとヒヤヒヤする。しかし、案内人の地元のカウボーイ、ラモンさんは日焼けした頬をほころばせながら「馬は道を踏み外すことはあるけれど、ラバは決して踏み外しません。坂道や岩の多いところは、ラバに乗ったまま行くのが一番。歩くよりも安全ですよ」と自信を持っている。たしかにラバは、こともなげに落ち着いて、一歩一歩山道を下っていく。

ようやく渓谷の谷間に出た。夏のわずかな間、谷間は小さな川に変わる。涼しさと水を求めて3000人もの先住民たちが、ここに移動してきたという。

村を出発してから5時間、ヤシ林を見下ろす断崖《だんがい》の中腹に、巨大な洞窟が口を開けていた。ここには、先住民が描いた200余りの岩絵が点在している。洞窟の壁や天井が巨大なキャンバスになっている。

目を惹《ひ》くのは、2メートルを超える巨人たち。鮮やかな黒と赤のツートンカラーが強烈な印象を残す。なかには4メートルを超えるものもある。壁や天井には、普通の人間ではとても手が届かず、「巨人たちが描いたのだ」という伝説もある。案内人のラモンさんは「学問的な定説としては、ヤシで大きな脚立を作って描いたということになっています」と説明してくれた。

「巨人の頭に飾りがあるでしょう？　これは儀式の時の格好だと言われています。ここにたくさんの部族が集まって宗教儀式を行ったんですよ」

　そして岩絵には、大鹿、オオツノヒツジ、ヒメコンドルなど、さまざまな動物が描かれている。ラモンさんは「先住民は狩猟民族で、自然を崇拝していたんです」と話す。たしかに大鹿を崇《あが》めるように手を挙げたシャーマンたちの絵がある。

　彼らが崇拝した生き物のなかで、最も大きなものが体長5メートルのクジラだ。そのクジラが描かれ、隣をシャーマンが泳いでいる。まるでクジラと溶け合うように、体に手を乗せているようにも見える。

　小舟しか持っていなかったという先住民が、巨大なクジラにこれほど近づくことができたのだろうか？　そんな疑問にラモンさんは「小舟じゃクジラには近づけません。自分から人間の方に近づいてくるクジラがいるんですよ。シャーマンはクジラの力を自分のものにしたかったんでしょう」と言う。ラモンさんは続けて「セニョール！　山を越えてみれば、あなた達もそんなクジラに会えますよ」と西の峠を指差した。

　峠を越えると、はるか先に海が見えた。太平洋だ。そこに世界遺産である、〝エル・ビスカイノのクジラ保護区〟がある。

湾を目指して先に進むと、不思議な白い家がある。「白い」ものは、よく見ると大きな骨だ。クジラの骨と花々が微妙にからみ合って家を飾っている。奥さんが、クジラのどこの骨か説明してくれる。「これは背骨」「これはあごの骨よ」「あれはあばら骨」「首のところの骨もあるわ」。夫は漁師で、湾の砂浜で打ち上げられた骨を拾ってきては、置くようになった。奥さんは大賛成したという。「大きな骨だと人も座れるし、植物や花で飾るととても綺麗《きれい》。大好きだし、幸せだし、クジラの力を感じます」と奥さん。

不思議とグロテスクな感じは全くしない。むしろアーティスティックだ。クジラの骨で飾られた家なんて、世界広しといえども、ほかにはないだろう。

先に進むと、サンイグナシオ湾が見えてきた。世界遺産に登録されている保護区のひとつだ。急に歩いている人々が増え、みんな浜辺に向かっている。ここはホエールウォッチングの出発点、世界各国からクジラとの触れ合いを求めて人々が集まってくる。

浜で人々が船に乗るのを手助けしている若い女性がいる。ツアーのガイドをしている、マルガリータ・アギラルさんだ。この湾の漁村で生まれ育った彼女は、5歳の時にクジラに出会ってその虜《とりこ》になったという。自然解説をおこなうナチュラリストの資格を取って、地元のガイドとして働いている。マルガリータさんが連れて行ってくれたのは、小高い丘の上。そこから湾を望むことができる。

「ここから、この湾にやってくる、たくさんのクジラを見ることができます。潮吹きが驚くほど上がるのですよ」

彼女が言った通り、湾のクジラが一斉に潮を吹き上げる。潮を吹いていないクジラを含めると、大きな群れがこの湾を埋め尽くしていることが想像できる。

ここには、12月中旬から3月末にかけて、北太平洋、アラスカから「コククジラ」がやってくる。冬のはじめに移動を開始し、より暖かい海を求めてくるのだ。この湾で交尾し、出産するためだ。ここのラグーンは塩分濃度が高く、赤ちゃんクジラが浮きやすく、子育てがしやすいと考えられている。マルガリータさんは「ここはクジラの命が誕生する場所なのです。ですから『クジラのゆりかご』と呼ばれています」と微笑む。

北太平洋から1万キロメートルもの旅を毎年繰り返すクジラたち。ここは彼らの安息の地なのだろう。

取材チームはマルガリータさんと船に乗って湾に出た。体長15メートルほどの大型のコククジラが船の横に姿を見せた。体の表面は皮膚がはがれ、まだらに白くなっている。そしてフジツボがところどころに付いている。フジツボがコククジラの独特の生態と深いつながりがあることは、あとでわかる。

別のコククジラが、まるで起き上がるように、海面に体の半分近くを出している。これは「スパイホッピング」と呼ばれる行動で、上半身を海面に出して、周囲の状況を観察しているのだという。

メスのコククジラがスパイホッピングを終えて泳ぎだすと、すぐ横に赤ちゃんクジラが浮き上がってきた。マルガリータさんが「母クジラは赤ちゃんを守るために、周りを見て赤ちゃんの脅威になるものを見逃さないようにしているのです」とスパイホッピングの訳を教えてくれた。

赤ちゃんクジラが母親の背中に乗ってきた。人間でいえば「おんぶ」だ。母親は生まれたての赤ん坊を背中に乗せて、呼吸の訓練をさせるのだという。でもその時期が過ぎても、母親の背中で遊んでいる。要するに甘えているのだろう。

もうひとつ、マルガリータさんがコククジラの生態を教えてくれた。海面にクジラの胸《むな》鰭《びれ》が浮き上がるとともに砂が浮いてくる。いったい何をやっているのだろうか？

「コククジラは顔の右側を海底の砂地にこすりつけて、砂を口に入れて食事をしているのです」

よく水中を見ると、体を横にしたコククジラが海底に突っ込んでいく。砂に顔面をこすりつけたあと、口から砂を吐き出している。砂を口に入れたコククジラは、口のひげで砂をこしとり、砂の中の生き物を食べているのだ。砂の中には小さなエビやカニがたくさんいる。こんな食べ方をするのはコククジラだけで、ほかのクジラと違う餌場を開発することで、コククジラは生き残ってきたのだ。

体の傷は砂にこすれて皮膚がはがれたものだ。フジツボは、その傷に根を生やしているのだった。浮き上がってきた赤ちゃんも、口から砂を吐いている。この食事の仕方を「クジラのゆりかご」にいる間に、母親から教わるのだ。

今までにこやかだったマルガリータさんが遠くの海を見つめて顔を曇らせている。海面に大きな影、近づいてみるとクジラの死体が浮かんでいた。その上にはたくさんの水鳥が群れて、体をついばんでいる。北の海から来る途中で、体力を消耗して力尽きてしまったのだろうか。マルガリータさんの目に、うっすらと涙が浮かんでいた。

この後、マルガリータさんはある砂浜に案内してくれた。そこにあったのはクジラの頭の骨で、貝で骨の周りを囲んでサークルを作っている。そして東西南北に季節を象徴するものが置かれている。西に秋の象徴の亀の甲羅、北には冬の象徴の鳥の羽、東には春の象徴の火、南には夏の象徴の水を置く。

ここは、サンフランシスコ山地でクジラとシャーマンの岩絵を描いた先住民が、死者を弔うために作った儀式の場だという。彼らはこのサークルで死んだクジラをも弔った。彼らにとってクジラは神聖なもので、力の象徴だったからだ。

マルガリータさんは、クジラの骨を見つけるたびにサークルを作り、死んだクジラのために弔いの儀式をおこなっている。

「太陽、心、天、心、大地。過去をつかみ風に放ち、現在が私を包む」と体で表現しながら詠唱する。この時のマルガリータさんは、小柄な体の背筋を立て、手足をめいっぱい伸ばして顔は空を仰いでいる。その表情にいつものにこやかさはなく、キリッと引き締まっている。

実はかつて、この湾のコククジラが絶滅の危機に瀕《ひん》したことがあった。19世紀の中頃に、アメリカの捕鯨船がこの湾に迷い込んだ。彼らは、クジラたちが平気で船に近づいてくるのをいいことに、次々に殺してしまった。湾は血に染まり、この大量殺戮《さつりく》がきっかけとなってコククジラは2万頭から200頭にまで激減してしまった。

「子供を殺されて、怒りをあらわにした母クジラが船に体当たりをしたといいます。それを見た人々は、クジラを『悪魔の魚』と呼ぶようになりました。子供を殺された母親が嘆き怒るのは当たり前です。それを『悪魔』と呼んだのです。二度と繰り返させません」

現在、政府の厳格な保護政策もあり、コククジラの頭数は2万頭にまで回復した。絶滅の危機に瀕した動物が復活した、稀有《けう》な例だという。

最後に取材チームは、マルガリータさんが各国から訪れた人々を案内する船に同乗した。

クジラに触れるツアー

「クジラさん、おいで。どこにいるの。あなたに会いたいのよ」。マルガリータさんが船の舳《へ》先《さき》から呼びかける。クジラが寄ってくると乗船客たちも船べりに集まる。マルガリータさんがクジラの体に触れると、みんなタッチを始める。クジラが潮を吹いて顔にかかっても、どっとわいて人々の笑顔が弾《はじ》ける。頭に触れる人、背中を撫《な》でる人。みんなの手が交錯して、大興奮だ。クジラの体は意外なほど柔らかく、温かいと喜ぶ。

「赤ちゃん、おいで。おチビちゃん、どこにいるの」。マルガリータさんは呼びかけ続け、ついにクジラの背中にキスをする女性まで現れ、船の上は幸せそうな笑顔に満ちていった。

マルガリータさんは優しい目をしながら話してくれた。

「私は訪れる人たちに、なんとかしてクジラに触れてもらえるように努力します。触れば幸せな気持ちになり、クジラのエネルギーを感じられるからです。クジラに触れることで、みんなにクジラを保護するという気持ちをもってほしい。これが私にできる、私なりのクジラに対する貢献です」

甦った〝トーテムポール〟～スカン・グアイ（カナダ）～

〈08年11月　探検ロマン世界遺産〉

無人島の森の中に、今にも朽ち果てそうな「トーテムポール」が、海に向かって並んでいる。いったい誰が、いつ頃、何の為に立てたのだろうか……？

他では見られない、神秘的で不思議な光景だ。

カナダの太平洋上に、いくつもの島々が点在するクィーン・シャーロット諸島。その南端に、僅《わず》か2平方キロメートルの小さな島がある。そこが今回の舞台〝スカン・グアイ〟だ。バンクーバーから飛行機と船を乗り継いで、丸2日の道のりだ。

船で島に向かうと、海中からゼニガタアザラシが顔を出して出迎えてくれた。何か珍しそうに、こちらを見つめている。森の中ではシトカ・ジカが3頭、黙々と草をはんでいる。船が近づいていっても、全く動じる気配がない。

スカン・グアイの船着き場はかなりな浅瀬のため、残り10キロメートルで、ゴムボートに乗り替える。しばらく進むと、波間に、深い森に覆われたスカン・グアイが見え隠れする。島に近づくと、海岸線ギリギリまでおい茂る木立の中に、枝のない古木がすっくと立っている。20本余りだろうか。

上陸してそのトーテムポールの前に行き、よく見てみると、それぞれに彫刻が施されている。大胆なタッチで動物や魚、そして鳥の顔が描かれているのだ。シャチの頭には、歯が1本1本精巧に彫られている。ガイドのアンディ・ウィルソンさんが「このポールは、シャチの紋章を持つシャチ一家のものです。それぞれのポールの中心にある彫刻は、一家の紋章です。ポールをよく見ると、どの一家のものであるかが、よく判るのです」と教えてくれた。

1本1本見ていくと、島の羽のようなものが左右に描かれているポール、これはワシ一家のポールということになる。くちばしの形から、この島に生息するハクトウワシと思われる。2本の大きな歯からビーバーと思われるポール、ビーバーもこの一帯の川に見られる動物だ。爪のある前足が見える熊もある。その他にカエル、クジラ、フクロウなど、身近な動物たちを、代々続く一家の紋章として人々は彫ってきたのだ。

森のあちこちに動物たちのトーテムポールが立っているということは、各家の前に、いわば大きな表札が立っていたということになる。高さは6メートル以上もあり、ポールの材料となっているのは、樹齢およそ400年のベイスギの木だ。

海から見るとただの古木だが、間近で見ると、木肌そのものに刻まれた動物たちが、迫力をもって迫ってきて、何かを訴えかけているようだ。

これらのトーテムポールは、およそ200年前に立てられたと伝えられている。木は腐りはじめ、朽ちてしまったトーテムポールもあるが、修復された形跡は全くない。

多い時には、この島には300人が住んでおり、トーテムポールを立てた人々はカナダの先住民族「ハイダ族」の人々だ。顔立ちが日本人に似ているモンゴロイド系で、北米がユーラシア大陸と陸続きだった7000年前に、クィーン・シャーロット諸島に渡ってきて定住したと考えられている。

自らもハイダ族だという、がっちりとした体格のアンディさんは「ハイダ族はカヌーに乗って島々を行き来する海の民でした」と言う。ベイスギをくり貫いて作ったカヌーで、サケやタラなどを獲《と》り、調理などに必要な油はウリカンという魚からとった。一方でハイダの人々は「森の民」でもあったという。1本のベイスギの木の前に案内し「これは先祖が樹皮をはいだ跡です。樹皮を編んで、帽子やエプロン、マットや籠《かご》など、さまざまなものを作りました。人々は皮をはぐ前に木に語りかけました。『皮をはがさせてくれて有難う』とね。そして木の下に食べ物やハーブなど、小さなお供え物をしたのです」とアンディさんは教えてくれた。

森や海の幸は、祭りの時に大盤振る舞いされた。トーテムポールを立てる時に行われた「ポトラッチ祭り」の時には、自然の恵みとともに先祖に感謝を捧《ささ》げた。その日のものだと思われる、1881年に撮影された写真が残っている。それぞれが民族衣装でおめかしをし、キリッとした表情で佇《たたず》んでいる。

周囲の自然や動物たちと一体となって暮らしてきたハイダ族のトーテムポールには、もうひとつ大きな役割があった。先祖の墓として造られたトーテムポールもあったのだ。最初からポールの先端に空間が彫り抜かれており、そこに遺骨が安置される。トーテムポールは一家の象徴でもあり、先祖を祀《まつ》る墓でもあった。

いま立っているポールは朽ちてしまってよく判らないが、100年前に撮られた写真では、墓でもあったという堂々とした様子が見てとれる。先端部分の正面に、立派な彫刻が施された板が貼りつけられており、その内部に遺骨が納められているのだ。

トーテムポールの上部を削ってくぼみを作り、一家の紋章が描かれた木の箱に遺骨を納め、そのくぼみに安置した。亡くなってから1年かけてその準備を整え、トーテムポールへの埋葬を行ったのだという。まるで仏教の一周忌法要のようだ。ハイダ族のガイドのアンディさんはこう語る。

「ハイダの人々は、人は死んでも生まれ変わると信じているのです。亡くなった人は生まれ変わって、自分の村に幼い子供の姿を借りて現れます。そして人々が、トーテムポールで先祖たちを大切にしているかを見届けるのです」

トーテムポールがすべて海に向かって作られているのにも意味があった。カヌーに乗って海を渡ってくる仲間たちに対して、先祖を大切にしていることを表すものでもあったというのだ。

ではそんな大切なトーテムポールを島に残して、ハイダの人々は何処へ消えてしまったのだろうか？

スカン・グアイの森の中に、苔《こけ》むしたカヌーがひとつ置き去りにされていた。大部分は彫り抜かれているが、一部は手つかずのままだ。ハイダ族の人々は、島を出ていかざるを得ない状況に追い込まれたのだ。

原因は白人にあった。18世紀の末に、北米大陸から、多くの商人がこの自然のままの地に押し寄せた。彼らは商品だけでなく、「天然痘」をもってきた。病人が使っていた毛布や服をハイダの人々に売っていたという。何世紀にもわたりスカン・グアイで暮らし、何の免疫力もないハイダの人々は次々に倒れ、人口はあっという間に10分の1に激減した。もはや残されたハイダ族は村を捨て、他の島で暮らさざるをえなくなったのだ。

白人の商人たちは、さらにむごい行いをした。誰もいなくなった村からトーテムポールを掘り出し、各地に売りさばいたのだ。ブローカーが間に入り、列車や船にのせられ、世界中の博物館に売却された。遠くはドイツにまで売られたという。運搬や展示の都合で、短く切断されるケースもあった。さらに祭りで使うさまざまな道具や衣装も略奪された。

商人だけではなく法律までもが、ハイダ族を追い詰めた。トーテムポールを立てる時の祭りである「ポトラッチ」は禁止され、道具を持っていただけで罪に問われた人もいた。子供たちはカナダ本土の寄宿舎に入れられ、英語の使用を強制された。次から次へと、根こそぎハイダの人々の歴史と文化は破壊されていったのだ。

19世紀には開拓の波が小さな島々にも押し寄せ、各地固有の文化を蹂躙《じゅうりん》していったが、20世紀に入り、先住民の人たちの人権や文化の復興を求める声も強まっていった。

スカン・グアイを案内してくれたガイドのアンディ・ウィルソンさんは、世界中の博物館に売られてしまった品物の「返還運動」の先頭にたった。最初はポトラッチの祭りに欠かせない、一家の長が大地をたたき注目を集めるための杖《つえ》。そして、トーテムポール。しかしハイダの人々にとって最も重要なものは、ポールに埋葬されていた先祖の遺骨だ。2年にわたる交渉の末、2003年にアメリカ・シカゴの博物館が遺骨の返還に応じた。その調印式の日の映像が残っている。緊張した面持ちで座るアンディさん。サインに応じる博物館員。遺骨を運び出し、まわりには笑顔で手をたたくハイダの人々。そして、遺骨が乗った飛行機を見守る時には、ハイダの人々はみんな涙を流し、太鼓をたたいて見送る人もいる。かつてスカン・グアイなどから持ち出された遺骨の数は、160体にも及んでいた。およそ1世紀ぶりに故郷に帰った遺骨は、かつてのように、1体1体木の箱に納められ埋葬された。

アンディさんたちは、遺骨返還の際に先祖が英語を知らないことを心配し、ハイダ語を覚えている長老たちをシカゴに連れていった。そして遺骨に対面した時に、ハイダ語で語りかけた。「迎えに来るのが遅くなってごめんなさい。ようやく迎えに来ましたよ」。

一方、ハイダ族の若者たちは、新たに自分たちの文化の発信を実行した。わずかに残されたポールの姿を手がかりに、失われてしまった作り方や、その意味を掘り起こし、手探りで研究を続けた。そしてハイダ族とハイダ文化の再出発の証《あかし》として、とてつもなく大きなトーテムポールをみんなで力を合わせて作った。高さ、なんと18メートル。ポール全体に動物たちの姿が描かれ若々しさに満ちている。1978年6月10日。浜におよそ100年ぶりに新しいトーテムポールが打ち立てられた。飛び上がって喜びを表現する人、手を振る人……。その映像には、かつて迫害を受けた民族のエネルギーの爆発のようなものが感じられる。

私たち取材班が最初に見た、200年以上も海辺に立ち続けてきたシャチやビーバー、熊のトーテムポールはどうなってしまうのだろうか……。時とともに朽ち、数十年でなくなってしまうといわれている。しかしそれを、ハイダの人々は悲しいことだとは思っていない。アンディさんが、みんなの気持ちを代弁してくれた。

「今、このポールたちに起きていることは、とても重要なのです。ポールは大地に還《かえ》っていく運命なのです。ポールたちは若い世代に、その作り方やどのような姿であるべきかを示してきました。これは、何世代にもわたって受け継がれているのです。朽ちてゆくポールも、先祖から我々へ伝えることに今まで役立ってきたのですから、それで十分なのです」

朽ち果てたトーテムポールのてっぺんには、ピンク色の小さな花が芽を出していた。トーテムポールが朽ちても、それが新たな息吹になれば良い。「生まれ変わり」を信じるハイダの人々にとっては、それが自然な考え方なのかもしれない。

〝青〟への誘い～龍泉青磁の伝統工芸技術／無形文化遺産（中国）～

〈15年10月　世界遺産「黄山」に遊ぶほか〉

海を越えて、遠い異国に伝えられた微妙な色合いの〝青〟は、いつまでも人々の心の中に生き続け、永い時を超えて復活を遂げた。

その〝青〟の故郷は、中国浙江《せっこう》省の西南部、龍泉渓《りゅうせんけい》に沿った山間の盆地にある人口28万人の龍泉《りゅうせん》市だ。高速道路が通った今では、上海《シャンハイ》から車で8時間で来ることができるが、かつては2日がかりだったという。

微妙で繊細な青で人々の心をつかみ、今でも人気を博している〝龍泉青磁〟は、私には透明感のある淡い緑色にも見える。中国でその色は「雨過天青雲破処」（後周《こうしゅう》皇帝、柴栄《さいえい》の作詞）と表現される。雨上がりに雲が切れ、その合間から見える空の青、という意味だが、人工的な絵具で描いた青ではなく、あくまで自然界に存在する青だということだ。

青磁の色合いは、釉薬《ゆうやく》の中に含まれる僅かな鉄分が、高温で熱せられることで生まれる。

また、窯の中の酸素を限りなく少なくすることが発色のポイントだ。普通、焼いた鉄は茶色くなるが、酸素を奪われると青く発色するというから不思議だ。もうひとつの青の秘密は、焼きあがった青磁の表面を拡大してみると見える小さな泡にある。空気が釉薬に閉じ込められ、この泡によって光が乱反射して、柔らかな色調や奥行きのある表情が生まれるという。

皿や壺などに造形された土は茶色で、釉薬も肌色だ。それを窯に入れて一晩1200度以上の熱を加えると、雨過天青の淡くなめらかな青緑が生まれる。その制作現場に立ち会ってみたが、私にとっては信じられない出来事だ。1000年以上も前に、どうやってこんな魅惑的な色に、人類が出会うことができたのだろうか？　そこに〝神品〟と呼ばれる由縁があるのだろう。

龍泉青磁が最も隆盛を極めたのは、南宋《なんそう》の時代（1127年〜1179年）だ。その時代の窯が龍泉一帯から500か所以上も発掘され、中国史上最大の陶磁器窯だとされている。龍泉一帯の人口が5万〜6万人のところ、1万5000人以上の陶工が働いていたといわれ、皇帝や貴族たちが茶をたしなむときの茶器として珍重され、海外への輸出も盛んだった。事実、1976年に韓国沖で発見された古い沈没船のなかから、1万点以上の宋時代の陶磁器が発見されたが、そのうちの半分は龍泉青磁だった。

トルコのトプカプ宮殿には、龍泉青磁が１３５４点もあり、世界最大規模のコレクションを誇る。青磁の容器は毒が入ると色が変わると信じられており、毒を盛られることを恐れた君主スルタンが龍泉青磁を愛用したという。やはり、青磁はどこか神がかったイメージを持たれていたのだろう。鎌倉《かまくら》、室町《むろまち》時代の日本にも輸出され、現代の日本で国宝に指定されているのが３点、重要文化財は19点もあり、ほかの中国の窯を圧倒的に引き離している。

南宋から明代にかけては、龍泉窯は宮廷で使われる容器を焼く宮窯となり、外国から派遣された使者たちへの報奨品として尊ばれていた。そんな最盛期を偲《しの》ばせる窯の跡が、２００か所以上も発見されている琉華山と呼ばれる山里を訪ねた。両側に民家が並ぶ細い山道が、さらに細くなっていくと、こんな看板が立っている。

「重点文物保護単位・龍泉窯遺蹟《いせき》」

ここからは龍泉窯の遺跡で重要な文化財だというサインだが、なんとこの村は外国人の立ち入りが禁止されているのだ。数年前に心ない日本人が古い磁器の一部を持ち帰ろうとして以来、とられている措置だという。さすがに現在では南宋の物が形をとどめて発見されるとは考えにくいが、欠片《かけら》だといっても文化財であることに変わりはない。ゆるやかな段々畑が広がり、山並みが連なるのどかな風景を眺めながら、大窯の遺跡を見ることができない残念さとともに複雑な思いにかられた。

そんな龍泉青磁の繁栄も、そう長くは続かなかった。戦乱や政治的な混乱などの要素もあったが、何といっても大きな要因は、景徳鎮《けいとくちん》の白磁に人気を奪われたことだった。淡い青からグレーに近い青までの、微妙な色合いが生命線だった青磁に対して、白磁は純白な素材に絵筆で色と模様を付けた。大皿などを飾る独特なブルーは〝青花〟と呼ばれ、紅、紅緑、それ以上の色になると五彩といわれ、艶《つや》やかな色彩で人気を高めていった。明代の後期には宮窯も景徳鎮に移され、清《しん》代では乾隆帝《けんりゅうてい》が特に白磁を擁護したという。龍泉青磁は、かつての〝雨過天青〟の勢いが影をひそめ、およそ300年に及ぶ停滞期が続くことになる。

しかし、第二次世界大戦後に転機が訪れる。1957年に、周恩来《しゅうおんらい》首相が「龍泉の青磁は我が国の歴史的な宝である」と龍泉青磁の復興を指示するのだ。その背景には、こんな意外で魅力的な話がひそんでいる。

「フランスの作家オノレ・デュルフェによる小説『ラストレ』（１６０７年）には、羊飼いの美男子〝Celadon（セラドン）〟が登場する。この小説が１６１７年に舞台で上演されたときに、セラドンは非常に美しく淡い緑色の舞台衣装を身に着けて登場した。その舞台は大評判をよんだ。ちょうどその頃にヨーロッパにもたらされた龍泉青磁の微妙な青緑と舞台衣装の色のイメージが一致するところから、〝セラドン〟は〝淡い緑〟の色を表すともに、龍泉青磁の意味を持つ言葉になった」

これが話の土台で、ここからがさらに面白い。時は３００年以上も経ち、ヨーロッパの要人たちから周恩来首相のもとに「中国の〝セラドン〟とは何のことですか？」という問い合わせが入るようになった。もちろん周恩来は知る由もない。最後に当時のソビエト連邦の外交筋から同じ質問を受けた周恩来は、側近に調査を命じた。その頃の中国政府は、ソビエトとの融和を図っているところだったからだ。ほどなく故宮《こきゅう》博物院の副院長から答えが返ってきた。「首相、それは龍泉青磁のことです」と。これによって、周恩来首相は、３００年の間、各国の人々の心の中に生き続けていた〝セラドン＝青磁〟の復興に踏み出したのだった。

だが、一度失われた技術を取り戻すことは簡単なことではなかった。釉薬の調合方法などを探るために、ある時は過去の名器を壊してまでも研究したといわれる。龍泉郊外に国営の工場がつくられ、各地から若手の陶工を集め、技術の再生を図ってきた。その若者たちの中から、現在の龍泉青磁を支える二人の巨匠が生まれている。一人は毛正聴《マオツンツォン》さん（75歳）、15歳から陶工の修業を龍泉で始めていたが、17歳で国営工場に発足当時から入り、景徳鎮で学ぶように命じられる。その後、2年で龍泉に戻り、分業体制の中でひとつひとつの技術を地道に身につけていったという。

毛さんは、南宋時代に作られていた〝魚鱗紋《ぎょりんもん》〟という、幾重にも全体を覆う魚の鱗《うろこ》のような紋を生みだしている。これは釉薬の調合をいくら工夫しても偶然性が高く、狙って試みても簡単にできるものではない。私が見た毛さんの作品の中では、「尊・春之声」と題された壺が印象に残っている。柔らかく艶やかな淡い緑と、ふっくらとした造形とがあいまって暖かな春を感じさせる。壺そのものが自然であり、上部の小さく絞られた口から声が聞こえてきそうな気になるのだ。毛さんは「龍泉青磁は華やかなものを求める必要はない。自然さと上品さが大切なのだ」と話す。さらに「真剣に勉強すれば造形技術は身につく。しかし、微妙な青を生み出す釉薬は奥が深く、常に追究していかなくてはいけない」と説いている。

もう一人の巨匠、夏侯文《シャホウウン》さん（83歳）は、毛さんとはまったく違う経歴だ。景徳鎮陶芸学院、日本でいえば専門大学を卒業し、龍泉の国営工場に赴任する。当初は計画経済のもとに60年代は茶碗《ちゃわん》などの食器類、70年代には洋食器などの規格品を作っていた。90年代になると日本の筑波万博に茶器セットを出品している。当時の夏さんは「食卓に自然を感じさせる龍泉青磁を置くことで、食べ物がおいしく見える。そして青磁は目を養う」と考えて仕事をしていたという。確かにあのまろやかな色合いの青磁を見ていると、目の疲れが和らぐ気がする。

そして、青磁には五つの要素が必要だという。「釉薬、工芸技術、造形、装飾、そして個性」。釉薬を第一に挙げるところは毛さんと共通する。夏さんがみずから代表作だという作品を見せてもらった。〝双魚折沿洗〟と題された筆洗いのための器だ。二匹の魚と草花が、上品な青緑の表面にあしらわれている。用途としては筆を洗うための器だが、とてもそんな気にはなれない、気品と美を兼ね備えている。夏さんが必要だという、装飾と個性が存分に発揮されている作品だ。夏さんは１９９５年に国営工場を定年退職し、その後は、さらに自由な発想で芸術性の高い作品を発表し続けている。

夏さんと毛さんに共通していることが二つある。二人とも政府から土地の提供を受け、自分の作品の展示と工房を兼ね備えた、立派な建物を所有していること。そして、二人とも次の時代を担う息子が後継者として育っていることだ。基礎的な技術を学び、ひたすら規格品を作り、そして龍泉青磁を代表するアーティストとして上り詰めた二人は、口を揃えるようにこう言う。

「雨過天青の自然の色は、いまや間違いなく南宋時代のレベルを超えている」

多くの人々の地道な努力により伝統の技がよみがえった。そして今、ひとつのチャレンジが始まっている。雨過天青の器に絵を付けようという試みだ。中国現代水墨画「黄山《こうざん》派《は》」の第一人者、傳益瑶《フイヨウ》さんは中国と日本双方で活躍する女性のアーティストだ。傳さんはこう語る。

「青磁の器は一つの宇宙、その色合いは自然そのものを感じさせます。その自然そのものに自分の絵を重ねてみたい。その試みに力を尽くす価値があると考えています」

その絵は、立体的な壺に黄山の峰々と松が描かれ、天空に浮く雲が全体に配されている。墨は五色を表すというが、墨の濃淡と力の入れ具合によって見事に描き分けられている。そして女性が、リュックを背負った男性の手を引いて登るという、現代的な場面も加味されている。

かつて白磁が艶やかな絵をのせることで青磁を駆逐していった時代があった。現代では、青磁に絵をのせる大物アーティストが出現している。すぐれた芸術は、時空を超えて人から人へと伝わり、さまざまな道を演出してくれるものだ。

おわりに

ＮＨＫが10年以上にもわたって、世界遺産プロジェクトを続けてくることができたのはなぜだろうか？

それは第一に、世界遺産が「掘れば掘るほど」さまざまな可能性を持った運動だということが見えてきたからだった。

第1章で書いたように古代エジプト文明の至宝〝アブシンベル神殿〟が巨大ダムの底に沈んでしまうという危機に、「各国が手を携えてラメセス2世像と神殿を救うことができた」ということがきっかけとなって、世界遺産運動が始まっている。このことは、国際平和にも通じる歩みだと私には見えた。政治的に対立し、軍事行動にまで発展している国同士が、人類にとって大切な遺跡のために協力し合うことが、今のきな臭い国際情勢のなかではたして実現できるだろうか。そもそもの歩み出しが、「平和」というシグナルに向かっていることが、私の世界遺産に向き合う意欲を高めた。

はじめの頃は、ヨーロッパの重厚長大な〝石の文明〟が優先で登録されているようにも思えるが、次第に日本の〝木造文化〟や、中東やアフリカの〝土の文明〟にも目を向けるようになった。今では地球上の幅広い地域と、多様な文化や価値観と向き合うようになってきている。このことは「人類はひとつ」というメッセージへと結びついていく可能性を秘めているように見える。

世界遺産がただ単に、人類にとってかけがえのない文化遺産や環境を守るためだけではなく、世界平和にも貢献していってくれることを、私は願っている。読者の皆さんも、そんな想いを抱きながら、この本を読み返していただけると有難い。

そして今までの「世界遺産関連本」は、きらびやかな写真を前面に押し出し、有名な世界遺産を中心にしたビジュアル本が主流だった。この本でも、タージマハルやベルサイユ宮殿などメジャーな世界遺産を扱っているが、それはどれも、建造した人物の生き様や類《たぐ》い稀《まれ》な個性を知ってほしいと考えたからだ。

私は、むしろ皆さんが行ったことのない、いや聞いたこともない世界遺産の中の、温かなエピソードを紡ぎたいと思った。はたしてどこまでその意図が伝わったか、それは判らないが、ひとりひとりの方々が、思い切りイマジネーションの羽を伸ばして、ひとつひとつの世界遺産に含まれた「人の心」を感じていただけたなら幸いだ。

そんな想いでこの本を書いてきたが、私一人の力で完成できたものではない。

この本で取り上げた番組のために撮影した映像は膨大なものだ。放送時間のおよそ10倍はビデオがまわっている。それらは私が現地にいってまわしてきたものではない。すべてがディレクターとカメラマン、そして現地で下調べをしたり、通訳をしてくれたりしたコーディネーターが取材をしてきた成果だ。

私は映像の隅々に隠れている魅力や、人々の言葉の中に感じられる想いをくみ取って書いてきた。そして、時にはディレクターと番組のコンセプトについて議論をし直し、文字に起こしてきた。

一般の旅行者が入れない場所、簡単には会えない人々を取材してきた番組スタッフたちの、番組に寄せたエネルギーに感謝の意を表したい。この蓄積があったからこそ、私はこの本を書き上げることができた。

そしてプロジェクトは現場の人間だけで成り立っているわけではない。番組のＤＶＤや台本を整理し、ホームページを更新し、番組を楽しみにしてくれているファンの人々への対応など、縁の下の力持ちとして働いてくれたスタッフたちにも感謝を申し上げたい。

最後にＮＨＫの世界遺産プロジェクトで制作してきた番組の成果を、書籍という新たな「場」で活《い》かすことに賛意を表し、激励し続けてくれた角川新書の編集者、菊地悟さんには「本当に有難うございました」と御礼を申し上げたい。

２０１６年　春

須磨　章

番組制作スタッフ（放送当時）

NHK制作局
寺井友秀
鶴谷邦顕
浦林竜太
山元浩昭
山本浩二
小山靖史
矢部裕一
井上律
鎌倉英也
牧野望
豊田研吾
奥秋聡
吉村恵美

NHK編成局
武中千里
高瀬雅之
安井浩志
下田大樹
大墻敦
土谷雅幸
岡村純一

NHK放送総局
河邑厚徳
川良浩和
河井三二
長井暁
佐滝剛弘
橋本典明

（株）NHKエンタープライズ
須磨章
大井徳三
小林志行
藤井勝夫
隈井秀明
玉置晴彦
大鐘良一
松井孝司

＜ユネスコ渉外・事業展開＞
廣田徹
佐藤英治
加藤右

＜事務局＞
村山純子
田井敦子
大原恵
大谷純子
広井寿美江
菅野由香里
松尾三鈴
曽根礼子
江頭彩華

番組制作スタッフ

◆テレビマンユニオン
田中直人
宮崎和子
井坂解子
阿部修英
鈴木伸治
佐藤寿一

◆ホームルーム
廣瀬涼二
永井祐子
竹内亮
津金亜貴子
井上裕規
伊藤みどり

◆オルタスジャパン
前川誠
下川沙和子
宮下瑠偉
前田翔子

◆エフボックス
松井克尚

◆ジンネット
石田久人

◆千代田ラフト
伊槻雅裕

◆クリエイティブ Be
高林昭裕

◆テレコムスタッフ
田淵盛之
佐久間務
今井亜子
羽根井信英
坂本克仁
山口浩
加藤秀明
村松鮎美
山本和宏
小川亜矢子

◆カイエン
恒川裕二
高橋伸治
高橋和一
日比野研
宇土美子
福井茂人
石臥薫子
小山正秀
上出達也

◆フリー
小川道幸
清﨑裕子
菅原章五
里亮弘
北沢豊
北村亜子
菅家久

◆コーディネーター
呉民民
佐藤麻里子

◆語り・司会
<世界遺産100>
江守徹
鹿賀丈史
松平定知

<探検ロマン世界遺産>
三宅民夫（NHK アナウンサー）

<世界遺産への招待状>
真矢みき
腹筋善之介
石澤典夫（NHK アナウンサー）

<世界遺産　時を刻む>
向井理
青山祐子（NHK アナウンサー）
武内陶子（NHK アナウンサー）
平野哲史（NHK アナウンサー）

<検索 de ゴー! とっておき世界遺産>
<世界遺産　ドリーム対決!>
<世界遺産　ドリームツアー>
南原清隆
首藤奈知子
（NHK アナウンサー）

<世界遺産　一万年の叙事詩>
松岡正剛
華恵

<とっておき世界遺産100>
森田美由紀（NHK アナウンサー）
中條誠子（NHK アナウンサー）
島津有理子（NHK アナウンサー）

参考文献

『ナスカ　砂の王国
地上絵の謎を追ったマリア・ライへの生涯』
楠田枝里子著、文藝春秋

『クロアチア　アドリア海の海洋都市と
東西文化の十字路』
外山純子著、日経 BP 企画

『ウィルソンの屋久島　100 年の記憶の旅路』
古居智子著、KTC 中央出版

『ある英人医師の幕末維新　W・ウィリスの生涯』
ヒュー・コータッツィ著、中須賀哲朗訳、
中央公論社

『青磁　NHK 美の壺』
NHK「美の壺」制作班編、NHK 出版

『フランスの景観を読む
保存と規制の現代都市計画』
和田幸信著、鹿島出版会

特別協力

◆ UNESCO パートナー
荒田明夫

◆日本ユネスコ協会連盟
野口昇
寺尾明人

◆小学館・DVD マガジン
中川豊
野村和寿
柏原順太
新間隆
辻泰弘

◆ハイビジョン特集　「世界遺産　飛行船の旅」

◆ NHK スペシャル　「世界遺産・秘めた力～災害列島　日本より～」

◆夏期特集　「奇跡の世界遺産～海流がつくった知床・白神・屋久島の森～」

◆特集　シリーズ世界遺産100
・いつか行きたい世界遺産―橋田壽賀子
・宇宙から見た世界遺産―毛利衛
・デジタルアーカイブスをつくる―布施英利

◆クローズアップ現代　「バーミヤン　幻の仏教王国に迫る」

◆世界遺産からの SOS・立ち上がるアジアの若者たち
・近代化の波　フィリピンのコルディエラの棚田
・自然災害からの再生　イランのバム遺跡
・紛争による破壊を越えて　バーミヤンとアンコールワット

◆世界遺産コンサート　「名曲の旅　伝えよう世界の宝」

◆正月特集　「マグレブ三都物語～海とオアシスの回廊を行く～」

◆土曜フォーラム　「危機の世界遺産をどう守る」

◆世界遺産登録記念　「石見銀山“銀の島”ニッポンを狙え」

◆正月特集　「紺碧のカリブ～光と影を映す島々～」

◆特集　世界遺産　時を刻む　「向井理のオランダ“サイクル”紀行」

<世界遺産プロジェクト・制作番組>

◆定時番組　シリーズ世界遺産100　(765箇所)
探検ロマン世界遺産（2005年度〜2008年度）
世界遺産への招待状（2009年度〜2010年度）
とっておき世界遺産100（2006年度〜2008年度）
世界遺産　時を刻む（2011年度〜2012年度）

◆特集番組　世界遺産　一万年の叙事詩
①文字なき世界の記憶　②世界は知で満たされる　③境界をめぐる攻防
④祈りの力がもたらしたもの　⑤先駆者たちの夢　⑥未知なる世界へ
⑦民衆は立ち上がる　⑧進化の100年　⑨未来への記憶

◆わたしの世界遺産
①怪物と妖精・荒俣宏　②建築・藤森照信　③文学・豊崎由美
④動物・小宮輝之　⑤光・佐藤時啓　⑥旅・ツアコン対決

◆検索 de ゴー!　とっておき世界遺産
①街は甦った　②魔女から大平原の母へ　③ロイヤルウエディング
④世界を変えたテクノロジー　⑤語り継ぐ戦争と平和　⑥勇気とロマンの大冒険
⑦マネー・黄金伝説　⑧驚きの暮らし　不思議な家　⑦世界遺産で今年もリッチ
⑧夢と癒しのパラダイス　⑨希望と安らぎを探して　⑩美の伝説
⑪ヒーロー　ヒロイン物語　⑫真剣勝負　⑬お国自慢　⑬奇奇怪怪ミステリー大百科
⑭ニッポン発見　⑮お届けします! 幸せの力　⑯驚き?感動!すご技人物伝

◆世界遺産　ドリーム対決
①ピラミッド VS マチュピチュ　②絶景・聖地・グルメ　ヨーロッパ VS アジア
③世界を変えた大航海　バイキング VS コロンブス
④外国人を夢中にしたニッポン　文化 VS 自然
⑤栄華を極めた二大帝国　オスマン VS ハプスブルク
⑥生命の輝き　神秘の海 VS 驚異の陸　⑦もっと知りたい「クイズ富岡製糸場」

◆世界遺産ドリームツアー
①外国人が驚く!古都・奈良&京都　②究極の愛を求めて

◆地上デジタル放送開始記念番組　「世界遺産からのメッセージ」

◆世界遺産登録記　「火と水と森の物語　紀伊山地大中継」

須磨 章（すま・あきら）
元NHKエンタープライズプロデューサー世界遺産事務局長。1948年東京都生まれ。71年NHK入局。郡山放送局、札幌放送局を経て、報道局、NHKスペシャル番組部。一貫してドキュメンタリー番組の企画制作に携わる。NHKが2003年から始めた世界遺産番組のプロデューサーとして、数多くの関連番組の制作をおこなった。12年より14年まで筑波大学情報学群の非常勤講師として「映像表現論」、13年よりNHK文化センターにて世界遺産講座も担当。

本文内画像／NHKエンタープライズ

世界遺産《せかいいさん》 知《し》られざる物語《ものがたり》

須磨《すま》 章《あきら》 NHK世界遺産《せかいいさん》プロジェクト

2016年 3 月10日　初版発行

発行者　郡司 聡
発　行　株式会社KADOKAWA
東京都千代田区富士見2-13-3　〒102-8177
電話　0570-002-301（カスタマーサポート・ナビダイヤル）
受付時間 9:00～17:00（土日 祝日 年末年始を除く）
http://www.kadokawa.co.jp/

装 丁 者　緒方修一（ラーフイン・ワークショップ）
ロゴデザイン　good design company
オビデザイン　Zapp!　白金正之
印 刷 所　暁印刷
製 本 所　BBC

角川新書

ISBN978-4-04-082009-5 C0295